dtv

W0063501

Naturwissenschaftliche Einführungen im <u>dtv</u>

Herausgegeben von Olaf Benzinger

*Stefan Greschik*, geboren 1967, studierte Physik in Freiburg und Berlin. 1997 journalistisches Gastspiel bei der ›Süddeutschen Zeitung‹; heute lebt und arbeitet er in Berlin als freier Publizist und schreibt für verschiedene Zeitungen und Zeitschriften, darunter die ›Süddeutsche Zeitung‹, die ›Berliner Zeitung‹ und ›Bild der Wissenschaft‹.

# Das Chaos und seine Ordnung

## Einführung in komplexe Systeme

Von
Stefan Greschik

Mit Schwarzweißabbildungen von
Nadine Schnyder

Deutscher Taschenbuch Verlag

Ein Überblick über die gesamte Reihe findet sich am Ende des Bandes.

Originalausgabe
November 1998
© Deutscher Taschenbuch Verlag GmbH & Co. KG, München
Umschlagkonzept: Balk & Brumshagen
Umschlagfoto: © The Image Bank
Redaktion und Satz: Lektyre Verlagsbüro
Olaf Benzinger, Germering
Druck und Bindung: C. H. Beck'sche Buchdruckerei, Nördlingen
Gedruckt auf säurefreiem, chlorfrei gebleichtem Papier
Printed in Germany · ISBN 3-423-33034-1

# Inhalt

# Vorbemerkung des Herausgebers

Die Anzahl aller naturwissenschaftlichen und technischen Veröffentlichungen allein der Jahre 1996 und 1997 hat die Summe der entsprechenden Schriften sämtlicher Gelehrter der Welt vom Anfang schriftlicher Übertragung bis zum Zweiten Weltkrieg übertroffen. Diese gewaltige Menge an Wissen schüchtert nicht nur den Laien ein, auch der Experte verliert selbst in seiner eigenen Disziplin den Überblick. Wie kann vor diesem Hintergrund noch entschieden werden, welches Wissen sinnvoll ist, wie es weitergegeben werden soll und welche Konsequenzen es für uns alle hat? Denn gerade die Naturwissenschaften sprechen Lebensbereiche an, die uns – wenn wir es auch nicht immer merken – tagtäglich betreffen.

Die Reihe ›Naturwissenschaftliche Einführungen im dtv‹ hat es sich zum Ziel gesetzt, als Wegweiser durch die wichtigsten Fachrichtungen der naturwissenschaftlichen und technischen Forschung zu leiten. Im Mittelpunkt der allgemeinverständlichen Darstellung stehen die grundlegenden und entscheidenden Kenntnisse und Theorien, auf Detailwissen wird bewußt und konsequent verzichtet.

Als Autorinnen und Autoren zeichnen hervorragende Wissenschaftspublizisten verantwortlich, deren Tagesgeschäft die populäre Vermittlung komplizierter Inhalte ist. Ich danke jeder und jedem einzelnen von ihnen für die von allen gezeigte bereitwillige und konstruktive Mitarbeit an diesem Projekt.

Der vorliegende Band befaßt sich mit der noch recht jungen Erforschung der komplexen Systeme. Jeder hat sicherlich schon einmal am eigenen Leib die Erfahrung einer winzigen

Ursache mit einer enormen Wirkung gemacht, und auch den berühmten Schmetterlingsschlag in China, der in Amerika einen Hurrikan auslöst, gibt es wirklich. In anschaulichen und sehr lebendigen Beispielen verfolgt Stefan Greschik diese Prozesse, er zeigt, was die Wissenschaftler in kreativen Theorien dazu herausgefunden haben und welche Möglichkeiten bestehen, auf komplizierte und vernetzte Abläufe Einfluß zu nehmen. Auf unterhaltsame Weise blättert sich so die bizarre Welt der Attraktoren und Fraktale vor uns auf, denn – auch wenn man es nur schwer glauben mag – Unregelmäßigkeiten, Turbulenzen, kurz Chaos sind der Normalzustand aller Existenz.

Olaf Benzinger

# Kleine Ursache – große Wirkung

Viele wichtige Dinge ereignen sich gerade dann, wenn niemand hinsieht. Ungefähr eine Stunde war der Meteorologe Edward Lorenz an einem Morgen des Jahres 1963 dem Lärm seines Uralt-Computers entflohen, um sich in der Cafeteria des Massachusetts Institute of Technology (MIT) eine Tasse Kaffee zu gönnen. Vielleicht brütete er in dieser Zeit angestrengt über seinen wissenschaftlichen Problemen (wie das Forscher ja Klischees zufolge immer tun), vielleicht unterhielt er sich einfach nur mit Kollegen über die letzten Football-Spiele. Seine Rechenmaschine mühte sich derweil mit einer primitiven Wettervorhersage ab.

Weil die Computer dieser Zeit noch sehr langsam arbeiteten, hatte Lorenz ihr lediglich drei Formeln eingetrichtert, welche die Temperatur, die Windgeschwindigkeit und den Wärmefluß miteinander verbanden. Natürlich ist das richtige Wetter viel komplizierter, aber unser Wissenschaftler wollte ja nicht Jahre auf die Ergebnisse warten.

Da die Computer dieser Tage nicht nur laut und langsam arbeiteten, sondern auch unzuverlässig, mißtraute Lorenz den Ausdrucken seines Rechners. Er startete ihn deshalb nicht mit den Endergebnissen des Vortags, sondern mit Zwischenwerten. Der Computer rechnete also die Temperatur für einen gewissen Zeitraum doppelt aus. Wichen die Wetterszenarien in dieser Zeitspanne voneinander ab, dann war offensichtlich etwas falsch. 0,506 tippte Lorenz an jenem Morgen als Anfangswert ein – das hatte der Computer gestern als Zwischenwert ausgegeben – und ging eine Tasse Kaffee trinken.

Als er zurückkam, schien wirklich etwas faul zu sein. Zunächst stimmte die Wetterprognose zwar mit der des Vortags überein, bald wurden die Unterschiede jedoch dramatisch. Die beiden Kurven schienen nichts mehr gemein zu haben. Seltsamerweise war der Computer in Ordnung: Wenn Lorenz ihn wieder mit einer 0,506 startete, spuckte dieser exakt die gleichen Zahlenkolonnen aus.

Wo lag der Fehler? Weil Lorenz ein kluger Mann war, kam er schon bald auf die richtige Lösung: Der Computer rechnete mit mehr Stellen als Lorenz eingegeben hatte, nämlich mit sechs. Das exakte Zwischenergebnis lautete nicht 0,506, sondern 0,506127. Der Unterschied von einem Hundertstel Prozent – das entsprach etwa einem leichten zusätzlichen Windhauch – hatte in kurzer Zeit die gesamte Vorhersage durcheinandergebracht. Das Phänomen ist heute unter dem Begriff »Schmetterlingseffekt« bekannt: Schon winzige Einflüsse (leicht poetisch: der Flügelschlag eines Schmetterlings in China) können das Wetter radikal verändern.

Für die Meteorologie war es ein rabenschwarzer Tag: »Wenn eine wirkliche Atmosphäre sich so benimmt, ist eine langfristige Wettervorhersage unmöglich«, erkannte Lorenz. Wie recht er hat, können wir aus eigener, oft leidvoller Erfahrung bestätigen. Auch heute – mit einem dichten, weltumspannenden Meßnetz, mit Superrechnern und verfeinerten Modellen – endet die Weisheit unserer Wetterpropheten etwa eine Woche in der Zukunft. Und manchmal geraten wir in ein Sommergewitter, obwohl ein Witzbold gestern im Fernsehen den schönsten Sonnenschein angekündigt hat. Bösartige Zeitgenossen schreiben gar hin und wieder, daß die Behauptung »Morgen wird das Wetter wie heute!« bei weitem zuverlässiger sei als eine durchschnittliche Vorhersage der Meteorologen. Aber das ist wirklich etwas übertrieben.

Doch jener Tag war nicht nur für die Meteorologie bedeutend. Lorenz' Ergebnisse wurden zwar zuerst unter seinen Kollegen nicht anerkannt. Die Einwände richteten sich gegen die neumodische Methode, Computer einzusetzen (»die sind sowieso unzuverlässig«) oder gegen die verwendete Mathematik (»mit ein paar Gleichungen kann man doch nicht das Wetter simulieren«). Trotzdem war ein Damm gebrochen und der Grundstein für ein neues Forschungsgebiet gelegt. In der Folgezeit erkannten Wissenschaftler, daß die verschiedensten Gebiete ebenso empfindlich von ihren Anfangsbedingungen abhängen wie das Wetter: Börsenkurse sind monatelang stabil und brechen dann unvermittelt ein. Tausende von Aktionären gehen dem Ruin entgegen. Vermeintliche Experten (und wer eben zufällig vor eine Kamera geraten ist) stammeln etwas von »psychologischen Faktoren« – statt zuzugeben, daß sie auch nicht wissen, warum die Kurse im Keller sind. In Australien werden ein paar Kaninchen ausgesetzt, weil einige Männer gerne jagen. Ein paar Jahrzehnte später fressen Millionen Nager die Landschaft kahl. Und als sich Forscher die Mühe machten, ein paar Stunden lang die Abstände zwischen den Tropfen eines Wasserhahns zu messen, entdeckten sie auch dort die wildesten Rhythmen.

Um auszudrücken, wie unregelmäßig und unvorhersagbar sich diese Systeme verhalten, nannten die Wissenschaftler sie bald »chaotisch«.

Die Aufregung um das Chaos kommt uns eher verwunderlich vor, denn so neu ist die Erkenntnis, daß auch kleine Ursachen eine große Wirkung haben können, doch wirklich nicht – wir stolpern im Alltag täglich darüber: Einmal falsch abgebogen und schon haben wir uns verfahren und erreichen das Ziel erst eine halbe Stunde später. Oder als positives Beispiel: Jeder hat in der Zeitung wahrscheinlich schon einmal von einem Glückspilz gelesen, der auf dem Weg zum Flughafen in einen Stau geriet und sein Flugzeug verpaßte – das dann abstürzte. Wieso nahm man also ausgerechnet in der Wissenschaft an, die Zukunft eines Systems auf lange Zeit vorausberechnen zu können? Warum stolperte man hier erst so spät über das Chaos?

Zum Teil sicher deshalb, weil die Wissenschaft auch ohne Chaos sehr erfolgreich war. Schon die ersten Naturforscher bauten darauf, daß ihre Umwelt regelmäßig und vorhersagbar funktioniert. Lange vor unserer Zeitrechnung erkannten die Ägypter, daß Himmelskörper periodisch am Himmel entlangziehen. Der griechische Philosoph Thales von Milet sagte 585 vor Christus sogar eine Sonnenfinsternis richtig voraus. Im 17. Jahrhundert setzte Newton die Tradition des Altertums fort. Angeblich nachdem ihm ein Apfel auf den Kopf gefallen war, erkannte er die drei Grundgesetze der Mechanik. Danach war die Beschleunigung eines Körpers proportional zur Kraft, die auf ihn wirkt. Somit wußten die Gelehrten nicht nur, wie sich Planeten und Äpfel bewegen, sondern auch, welche Ursache für die Bewegung verantwortlich ist.

In den folgenden Jahrhunderten bauten Naturwissenschaftler und Mathematiker Newtons Ansatz Schritt für Schritt aus: Magnetismus und Elektrizität wurden entschlüsselt. Die Differentialgleichungen sagten dem geübten Rechner, wie sich ein Körper beliebig weit in der Zukunft verhalten werde. Alles, was man in die Gleichung hineinstecken mußte, waren die wirkenden Kräfte und der Anfangszustand des Körpers – also seinen Ort und seine Geschwindigkeit zu einem beliebigen Zeitpunkt. Zwar konnte man die meisten Differentialgleichungen nicht lösen, doch schien das nur ein mathematisches Problem zu sein. Der Lauf der Welt war vorhersagbar, daran zweifelten im 18. und 19. Jahrhundert nur wenige Gelehrte.

Die Haltung jener Zeit verkörperte vielleicht am reinsten Pierre Simon de Laplace. Der Franzose Laplace war eines der Universalgenies, die es zu dieser Zeit noch gab. Er machte sich sowohl als Philosoph als auch als Mathematiker einen Namen, unter anderem entwickelte er die Wahrscheinlichkeitsrechnung. Laplace glaubte, daß eine »Intelligenz«, die »zu einem gegebenen Zeitpunkt alle Beziehungen zwischen den

Teilen des Universums verarbeiten kann«, alle »Orte, Bewegungen und allgemeinen Beziehungen für alle Zeitpunkte in Vergangenheit und Zukunft vorhersagen« könne.

Die Welt war für Laplace also nichts anderes als ein großes Uhrwerk. Natürlich zu kompliziert – weil aus zu vielen Teilchen aufgebaut –, als daß es Menschen vollständig durchschauen könnten, aber im Prinzip berechenbar. Es müßte nur jemand den richtigen Überblick haben und schnell genug rechnen können. Vielleicht sollte man noch erwähnen, daß Laplace mit »Intelligenz« nicht Gott meinte, er war nämlich Atheist. Gott war in seinem Weltbild nicht nötig. Auch für einen freien Willen beim Menschen gab es keinen Platz – schließlich bestehen wir auch nur aus Teilchen, die den Naturgesetzen gehorchen.

Zwar dürfte diese deterministische Weltsicht sensible Gemüter verschreckt haben, es gab doch bis zum Ende des 19. Jahrhunderts wenig Grund, daran zu zweifeln. Die Technik, die auf der Naturwissenschaft aufbaute, bestätigte jene eindrucksvoll: Im 18. Jahrhundert entwickelte Dampfmaschinen leisteten schon bald erheblich mehr als menschliche Arbeiter oder Tiere. Davon abgesehen, daß sie manchmal explodierten, funktionierten sie doch Tausende oder Millionen Zyklen so wie vorhergesehen. Die Eisenbahn machte den Menschen mobiler als jemals zuvor in der Geschichte und schließlich lernte er mit Hilfe der Maschinen sogar das Fliegen.

Bei soviel Erfolg blieben Zweifler weitgehend unbeachtet, beispielsweise der französische Mathematiker Henri Poincaré. Poincaré beteiligte sich Ende des letzten Jahrhunderts an einem Wettbewerb des schwedischen Königs Oskar II. Dieser hatte die Frage gestellt, ob das Sonnensystem stabil sei. Die Frage klingt einfach, schließlich kreist unser Planet seit Milliarden von Jahren um die Sonne. Und auch der Mond ist noch immer in unserer Nähe – wie das schon unsere Vorfahren vor einigen tausend Jahren berichteten. Mathematisch ist das Problem jedoch keineswegs banal: Während sich die Bewegungsgleichungen von zwei sich umkreisenden Himmelskörpern noch exakt lösen lassen – das heißt es gibt eine Formel, welche die Bewegung der Körper beschreibt –, gibt es bei drei Körpern eine solche Lösung nicht mehr. Man muß dann numerisch rechnen, was eine wahre Herkules-Arbeit sein kann (heute mühen sich Computer damit ab). Man betrachtet die Körper zu einem bestimmten Zeitpunkt, berechnet dann, wie sie sich eine winzige Zeitlang verhalten. Dann nimmt man die neuen Positionen und wiederholt den Vorgang wieder und wieder.

Poincaré gewann den Preis mit der Arbeit: ›Über das Dreikörper-Problem und die Gleichungen der Dynamik‹. Er zeigte darin zwar nicht, daß sich unser Sonnensystem auflösen wird, bewies aber, daß schon Systeme aus nur drei Körpern instabil sein können – von komplizierteren Systemen wie unserem Sonnensystem ganz zu schweigen. Wie Lorenz siebzig Jahre später erkannte auch der französische Wissenschaftler schon, wie wichtig die Startbedingungen sind: »Es kann sein, daß kleine Unterschiede in den Anfangsbedingungen schließlich große Unterschiede in den Phänomenen erzeugen ... Vorhersagen werden unmöglich und wir haben ein zufälliges Ergebnis.« Wir sollten also nicht zu sicher sein, daß die Erde nicht doch eines Tages am Jupiter vorbei ins All geschleudert wird. Poincaré kann man durchaus als Entdecker des »deterministischen Chaos« ansehen – also von Systemen, deren Verhaltensweisen sich nicht vorhersagen lassen, weil niemand die genauen Anfangsbedingungen kennt. Den Ruhm für die revolutionäre Erkenntnis erntete er allerdings nicht. Die Ergebnisse wurden von seinen Zeitgenossen kaum beachtet. Erst nach Lorenz erinnerte man sich wieder an ihn.

Die Chaostheorie spielt jedoch nicht nur als neues Wissenschaftsgebiet eine Rolle. Sie beeinflußt auch die wissenschaftliche Methode. Ein Forschungsergebnis wird heute nur dann von der »Scientific Community« anerkannt, wenn es reproduzierbar ist, das heißt, irgendein anderer Forscher sollte zu dem gleichen Ergebnis kommen, falls er das Experiment wiederholt. Das Problem ist nun: In der Praxis sind natürlich nie zwei Experimente identisch. Immer weichen Temperatur oder Druck leicht voneinander ab, die Apparate unterscheiden sich in Details – die behandelten Menschen in der Medizin vielleicht noch ein bißchen mehr. Die Wissenschaftler maßen (und messen) diesen Unterschieden oft keine große Bedeutung bei. Sie glaubten zumindest an das »starke Kausalitätsprinzip«: Wenn auch Experimente niemals gleich sind, so sind sie doch zumindest ähnlich. Und aus ähnlichen Bedingungen sollten auch ähnliche Resultate folgen. In vielen Systemen können diese winzigen Abweichungen das Ergebnis jedoch völlig verändern. Wegen des Kriteriums der Reproduzierbarkeit dürften deshalb schon einige Forschungsergebnisse zu Unrecht im Papierkorb gelandet sein.

Ein weiterer Grundpfeiler der Wissenschaft ist der »Reduktionismus«. Unsere Welt ist viel zu kompliziert, um sie als Ganzes zu analysieren. Schon einfache Gegenstände sind aus Milliarden von Atomen aufgebaut. Jedes der Teilchen wechselwirkt mit seiner Umgebung. Auch der beste Wissenschaftler mit dem leistungsfähigsten Computer kann dieses Geflecht nicht vollständig behandeln. Er greift deshalb zu einem Trick: Er vereinfacht und unterteilt das Problem so lange, bis er es überblickt.

Wenn ein Physiker die Aufgabe bekommt, die Flugbahn eines Tennisballs zu berechnen, so betrachtet er nicht eine Gummikugel, die mit einem fusseligen Filzbelag überzogen ist und mäanderartige Gräben aufweist. Die Thermik auf dem Tennisplatz ist ihm egal und die Schwerkraft von Sonne, Mond und Sternen erst recht. All diese Kleinigkeiten erschweren nur die Rechnung. Statt dessen ersetzt er den Ball durch einen Punkt, der die gleiche Masse hat wie der Tennisball und durch die Schwerkraft der Erde gleich abgelenkt wird. Er reduziert somit das Problem auf wenige Aspekte – auf die vermeintlich wichtigen. Und schon ist die Aufgabe so leicht geworden, daß viele Schüler sie lösen können. Natürlich wissen auch die Physiker, daß ein Punkt und ein Tennisball nicht das gleiche sind und auch leicht unterschiedlich fliegen, doch würden sie wieder mit dem starken Kausalitätsprinzip antworten: »Aber sie sind ähnlich und deshalb verhalten sie sich auch ähnlich.«

Die Chaostheorie hat gezeigt, daß der Reduktionismus seine Grenzen hat. Ebenso, wie ein Arm ohne den restlichen Körper nicht funktioniert, liefern auch viele andere Systeme völlig neue Ergebnisse, wenn man die Umgebung vernachlässigt. Und sei es auch nur ein Schmetterling, der mit den Flügeln schlägt.

# Eigenschaften des Chaos

Wie kommt es, daß unsere Welt in zwei Bereiche zu zerfallen scheint – einen vorhersagbaren und einen, der sich unserer Berechnung entzieht? Eine wichtige Rolle spielen dabei die Begriffe linear und nichtlinear. Betrachten wir dazu einen Autofahrer, Hauke Müller, der am Wochenende von Berlin nach Hamburg fährt. Weil er nicht in einen Stau geraten möchte, setzt er sich schon sehr früh ins Auto. Punkt fünf Uhr biegt er auf die Autobahn. Unser Fahrer weiß, daß es bis nach Hamburg knapp dreihundert Kilometer sind. Er lehnt sich entspannt zurück und drückt das Gaspedal durch, bis sich die Tachometernadel auf 120 Kilometer pro Stunde einpendelt. Das ist eine angenehme Reisegeschwindigkeit, findet Hauke. In wenigen Sekunden hat er ausgerechnet, daß seine Fahrt zweieinhalb Stunden dauern wird. »Moin, Uta«, gibt er seiner Freundin über das Autotelefon durch, die ziemlich sauer ist, weil sie natürlich noch geschlafen hat. »Ich bin etwa halb acht bei Dir.«

Wie zuverlässig ist nun Haukes Berechnung? Ähnlich Lorenz bei seiner Wetterprognose kennt auch Hauke die Anfangsbedingungen nur ungefähr: Der Tacho zeigt die Geschwindigkeit nicht exakt an, sondern wahrscheinlich um ein paar Prozent zu hoch. Und die dreihundert Kilometer Entfernung sind auch nur eine grobe Schätzung. Kann es sein, daß er die Hansestadt erst abends oder in der nächsten Woche erreicht, wenn sein Tachometer um zwei Stundenkilometer falsch geht – ähnlich wie es Lorenz mit seiner Wettervorhersage ergangen ist?

Das können wir leicht abschätzen. Haukes gefahrener Weg ist proportional zur Zeit, nämlich genau Zeit mal Geschwindigkeit. Wissenschaftler nennen eine solche Abhängigkeit linear. Im Nu sehen wir, daß Hauke lediglich drei Minuten zu spät kommt, falls die wahre Geschwindigkeit 118 statt der angezeigten 120 Kilometer pro Stunde beträgt. Auf die gleiche Weise könnten wir berechnen, wann er in Paris oder in Barcelona ankommen würde, wenn er dort Freundinnen hätte. Die Verspätung würde zwar größer, sie wäre aber immer proportional zur Fahrzeit und exakt vorhersagbar. Kleine Abweichungen haben kleine und berechenbare Auswirkungen, so ist es bei allen linearen Systemen: Unser Einkommen ist proportional zur Zahl der Monate, die wir arbeiten; zwei Papierschiffchen, die wir nebeneinander auf einen ruhigen Fluß setzen, dümpeln lange nebeneinanderher – die Strömung hat an benachbarten Punkten fast die gleiche Geschwindigkeit. Und eine Metallfeder oder ein Gummiseil ziehen mit einer Kraft, die etwa proportional zur Auslenkung ist. Wenn wir die Dinge zusammenzählen, die sich linear verhalten, können wir somit einen ordentlichen Teil der Welt vorhersagen.

### Warum Billard so schwer ist

Allerdings kennen wir auch Systeme, bei denen kleine Änderungen große Wirkungen haben: Wenn wir versuchen, einen Würfel immer gleich zu werfen (am besten so, daß immer eine sechs erscheint), so ist das Ergebnis doch rein zufällig. Genauso bei einem Bleistift, den wir auf seiner Spitze ausbalancieren wollen und der jedesmal in eine andere Richtung fällt. Leider sind viele Systeme derart anfällig. Erinnern wir uns zum Beispiel an unseren letzten (frustrierenden) Billardabend. Billard ist im Prinzip ein einfaches Spiel: Man muß lediglich den Weg einer Kugel über wenige Meter abschätzen, sowie ein paar Kollisionen. Warum haben also selbst Profis Schwierigkeiten, Stöße auch nur über ein paar Kollisionen

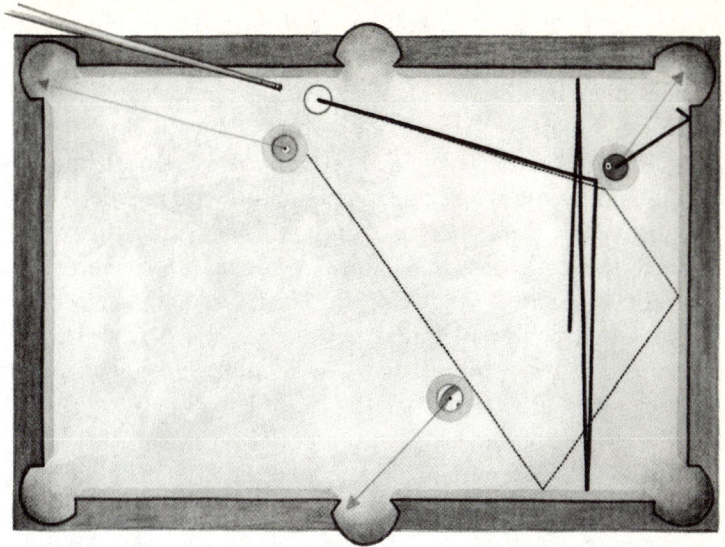

Der Weg der Spielkugel weicht zwar nur um 2 Grad von der geplanten Laufbahn (gestrichelte Linie) ab; dies verändert jedoch den weiteren Weg der Spielkugel nach dem Aufprall auf die erste Kugel ganz drastisch (durchgezogene Linie).

oder Bande korrekt auszuführen? Liegt es an den zitternden Händen oder eher an einigen Bierchen, die sie sich davor genehmigt haben?

Das ist natürlich nicht auszuschließen, nehmen wir aber einmal an, wir haben einen nüchternen Spieler erwischt. Er steht kurz vor der Meisterschaft und hat den Lauf seiner Spielkugel genau berechnet: Wenn alles gutgeht, rollt sie einen Meter, prallt auf die erste Kugel, läuft dann über die Bande weiter, touchiert die zweite Kugel und schubst dann die dritte Kugel ins Loch.

»Ein Kinderspiel«, denkt unser Champion und überlegt sich schon eine Rede, die er bei der Siegerehrung unter dem Applaus seiner Fans halten wird (»Zuerst möchte ich mich bei meinem Sponsor bedanken, der Brauerei ...«). Mit seinem Stoß ist er recht zufrieden. Nachdem das Queue die Kugel angestoßen hat, läuft sie fast genau in die gewollte Richtung. »Nur eine geringe Abweichung von der Idealbahn«, schätzt der Champion, der stark in Mathematik ist, und lehnt sich entspannt zurück. Nach dem ersten Stoß wird er jedoch mißtrauisch. Der Fehler von anfänglich zwei Grad scheint sich vergrößert zu haben, der Winkel zwischen berechneter und wirklicher Bahn beträgt nun fast vier Grad. Unser Meister ahnt schon Schlimmes, und wirklich: Auch der zweite Zusammenprall vergrößert die Abweichung. Um einen guten Zentimeter verfehlt der Ball die letzte Kugel.

Der Champion wurde ein Opfer der positiven Rückkopplung. Ohne Zusammenstoß mit den anderen Kugeln hätte sich der Winkel zwischen berechneter und tatsächlicher Bahn nicht vergrößert. Der Unterschied in Zentimetern wäre lediglich linear mit dem Weg angewachsen – analog der Verspätung des Autofahrers. So aber wuchs der Winkel mit jedem Stoß, und zwar um so schneller, je größer er schon war. Ein solch explosionsartiges Wachstum heißt exponentiell. Exponentiell wachsende Unterschiede sind das wichtigste Merkmal chaotischer Systeme. Wo es auftritt, haben auch die kleinsten Ursachen mit der Zeit gigantische Wirkungen. So haben kluge Köpfe ausgerechnet, daß die Bahn der Billardkugel nach etwa fünfzig Stößen schon ganz anders verläuft – je nachdem, ob sich am Rand der Milchstraße ein Elektron mehr oder weniger befindet.

Dabei ist Billard mit seinen wenigen Kugeln noch ein sehr überschaubares System: Ein gewöhnliches Gasteilchen in der Luft prallt pro Sekunde mehrere Milliarden Male mit anderen Molekülen zusammen. Wir können uns vorstellen, daß auch der beste Computer mit der Vorhersage seines Weges völlig überfordert ist. Egal wie genau wir den Anfangsort des Teilchens eingeben, ein winziger Fehler ist immer dabei. Erstens können wir nicht beliebig genau messen. Außerdem rechnet der Computer nur mit einer bestimmten Zahl von Stellen hinter dem Komma. Dieser kleine Fehler wird dann exponentiell größer und macht eine genaue Vorhersage in Sekundenbruchteilen zunichte.

## *Die vernebelten Zwerge*

Anhänger von Laplace, wenn es sie noch gibt, werden dies wahrscheinlich als praktische Schwierigkeit abtun: »Natürlich kann kein Computer die Zukunft berechnen«, wenden sie vermutlich ein, »aber das liegt am Computer«. Doch auch das ist falsch. Bei der Zukunftsprognose steht die Natur selbst im Weg. Das weiß man seit Anfang des Jahrhunderts. Damals entwickelten Physiker die Quantenmechanik, eine Theorie, die das Verhalten sehr kleiner Teilchen beschreibt – zum Beispiel das von Atomen oder Elektronen.

In deren Welt treten nun einige Phänomene auf, die wir aus unserer makroskopischen Umgebung nicht kennen. Zum Beispiel verhält sich jedes Teilchen auch gleichzeitig wie eine Welle. Eine weitere merkwürdige Eigenschaft ist nach dem deutschen Nobelpreisträger Werner Heisenberg als »Heisenbergsche Unschärferelation« bekannt. Sie sagt aus, daß man nicht gleichzeitig den Ort und die Geschwindigkeit von kleinen Teilchen genau messen kann – sprich: unsere Anfangsbedingungen. Zwar können wir die Geschwindigkeit in etwa genau bestimmen. In diesem Moment erscheint das Teilchen jedoch verschwommen wie auf einer unscharfen Fotografie. Den Ort können wir deshalb nur sehr ungenau angeben. Auch ein Computer mit unendlich vielen Stellen und absolut exakte Meßinstrumente helfen uns hier nicht, wir können die Anfangsbedingungen also gar nicht genau wissen. Eine exakte Vorhersage über das Verhalten eines chaotischen Systems wird es deshalb nie geben.

Rückgekoppelte, »nichtlineare Systeme« treten in den verschiedensten Bereichen auf. Sie sind in unserer Welt eher der Normalfall als die Ausnahme: Eine Kaninchenpopulation hängt vom Nahrungsangebot ab, den Konkurrenten um die Nahrung und der Zahl der Feinde. Die meisten kennen auch das unangenehme Pfeifen einer Lautsprecheranlage durch eine akustische Rückkopplung: Es kann auftreten, wenn das Mikrophon zu nahe bei einem Lautsprecher steht. Es nimmt ein zufälliges Geräusch auf und schickt es an den Verstärker, der es an die Boxen weiterleitet. Das lautere Signal trifft wieder auf das Mikro, wird erneut verstärkt und so weiter.

Das »Kleine-Ursache-große-Wirkung«-Phänomen zeigt sich auch in den menschlichen Beziehungen, etwa wenn sich ein Streit aufschaukelt und schließlich eskaliert – auch Menschen verhalten sich oft chaotisch.

Damit nicht jedesmal ein Krieg ausbricht, wenn zwei Staatschefs sich nicht mögen, sind in der heutigen Politik eine Reihe von »negativen Rückkopplungsmechanismen« installiert, die Spannungen abbauen sollen. Die Staaten lassen etwa bei Streitigkeiten von der UNO vermitteln und tauschen Botschafter aus – Menschen, die sehr höflich und beruhigend wirken, eben diplomatisch.

### So ähnlich wie Teig kneten

Wie wir gesehen haben, wächst im linearen Fall auch ein Fehler linear an, während sich bei chaotischen Systemen Unterschiede exponentiell vergrößern. Wenn wir genau sind, müssen wir sagen: Die Unterschiede wachsen *anfangs* exponentiell. Auf Dauer setzt die Umwelt natürlich Grenzen. So streben die Kugeln auf dem Billardtisch zu Beginn schnell auseinander, nach einigen Sekunden kommen sie sich jedoch schon wieder nahe, einfach weil sie von der Bande eingesperrt sind. Auch Lorenz' Temperaturkurven kreuzten sich über kurz oder lang, andernfalls wäre das Modell auch nicht realistisch gewesen: Die Temperaturen an einem Wintertag können wohl bei minus fünf oder plus fünf Grad liegen – der Unterschied wächst aber nie auf hundert oder gar fünfhundert Grad an.

Die Wissenschaftler sprechen davon, daß ein chaotisches System gemischt wird. Ein anschauliches Bild für den Vorgang ist das Kneten von Teig: Nehmen wir an, auf eine Stelle haben wir einen runden Fleck mit Lebensmittelfarbe geträufelt. Dann ziehen wir den Teig in die Länge. Was geschieht? Unser Fleck verwandelt sich in einen Strich. Jeweils zwei Punkte darin entfernen sich exponentiell voneinander – je weiter sie ursprünglich auseinander lagen, desto schneller wächst ihre Distanz. Als nächstes falten wir die Masse. Dabei kann der Strich nicht wachsen. Erstreckt er sich zufällig über die Mitte, also unsere Faltstelle, werden sogar Teile der Linie übereinandergeklappt. Ihre Punkte kommen sich näher.

Was passiert nun, wenn wir längere Zeit kneten? Dann dehnt sich der Farbstrich über die gesamte Länge des Teigs aus. Ein Teil unseres Startflecks kann somit in jedem Abschnitt auftauchen, ein minimaler Unterschied zu Beginn hat sich über das ganze System ausgedehnt. Das ist ein weiteres Merkmal des Chaos. Unsere Vorhersage wird also auch nicht besser, wenn der Raum begrenzt ist. Wir können lediglich sagen, daß eine Billardkugel in einer Minute »irgendwo auf dem Tisch ist« oder die Temperatur am Donnerstag in zwei Wochen zwischen null und dreißig Grad liegt. Das heißt, wir können eigentlich gar nichts sagen.

## Chaos und Zufall

Chaotische Systeme können wir also nicht berechnen. Wollen wir die Temperatur in drei Wochen angeben, so können wir getrost raten. Wir werden nur mit einer geringen Wahrscheinlichkeit richtig liegen, doch besser geht es eben nicht: Ein Meteorologe ist genauso hilflos. Raten kennen wir auch aus anderem Zusammenhang, nämlich von Glücksspielen. So kreuzen wir jede Woche Zahlen auf einem Lottoschein an – in der Hoffnung, einmal nicht nur das Staatssäckel, sondern auch den eigenen Geldbeutel zu füllen. Und wenn wir richtig viel Geld verjubeln wollen, entscheiden wir uns für eine Runde Roulette im Spielkasino.

Wenn wir aber bei der Wettervorhersage genauso hilflos sind wie beim Lotto, unterscheiden sich chaotische und Zufallssysteme dann überhaupt? Bestimmt der Zufall nur bei Würfeln und Roulette das Ergebnis – oder macht das Chaos aus unserer ganzen Welt ein Glücksspiel?

Ganz so ist es nicht. Sehen wir uns einmal ein simples Glücksspiel an, das einfach darin besteht, wiederholt einen Würfel zu werfen. Wenn unser Spielgerät in Ordnung ist, erscheint jede Seite mit der gleichen Wahrscheinlichkeit von einem Sechstel. Im ersten Versuch zeigt der Würfel eine vier. Beeinflußt dies nun das Ergebnis des nächsten Wurfes? Darüber gibt es verschiedene Ansichten. Vielen von uns erscheint intuitiv die vier unwahrscheinlicher zu sein als die anderen Zahlen. Andererseits gewinnt Dostojewskis Hauptfigur in dem Roman ›Der Spieler‹ bei einer Serie am Roulettetisch ein Vermögen, indem er an der Farbe rot festhält. »Die Anfänger« fallen hingegen »in Massen« herein: Sie glauben, daß nach zehnmal rot in Folge »unbedingt schwarz an die Reihe kommen« müsse – »und verspielen fürchterlich«. Doch Glücksspiel ist eine nüchterne Angelegenheit, es belohnt weder Intuition noch Wagemut. Die Wahrscheinlichkeit, eine bestimmte Zahl zu werfen, ändert sich nämlich überhaupt nicht. Auch beim zweiten Wurf beträgt sie wiederum ein Sechstel. Und ebenso bei allen folgenden Versuchen.

Experten sagen in diesem Fall, daß beim Würfeln die Ereignisse unabhängig voneinander seien. Die Wahrscheinlichkeit für ein bestimmtes Ergebnis bleibe immer gleich, ganz egal, welche Zahlen zuvor aufgetreten seien. Ein Ereignis sicher vorherzusagen – oder zumindest mit höherer Wahrscheinlichkeit als der statistischen – ist unmöglich. Dies ist eine entscheidende Eigenschaft von allen Glücksspielen, ob Würfeln, Roulette oder Lotto. Genau darin liegt aber der Unterschied zu den chaotischen Systemen. Wenn es um sechs Uhr an einem Wintertag ein Grad warm ist, dann liegt die Temperatur eine Minute später immer noch bei etwa einem Grad. Die Ereignisse sind nicht unabhängig. Wir können sie uns als zwei Kugeln vorstellen, die durch ein Gummiseil verbunden sind: Der spätere Zustand kann sich wohl etwas von dem vorherigen entfernen, doch bleibt er immer an seine Vergangenheit gekoppelt. Die Ereignisse gehen nach festen Regeln – eben deterministisch – ineinander über.

Deshalb ist es auch nicht ganz richtig, wenn wir sagen, daß sich über chaotische Systeme keine Vorhersagen machen ließen. Wenn wir das Wetter oder den Stand der Planeten zu einem Zeitpunkt kennen, können wir das Schicksal über kurze Zeit sehr wohl abschätzen. Nur eben nicht langfristig. Wie lange unsere Vorhersage brauchbar ist, hängt davon ab, wie nichtlinear ein System ist. Wissenschaftler geben den Grad des Chaos durch den sogenannten »Ljapunov-Exponenten« an. Er ist ein Maß dafür, wie schnell sich benachbarte Teilchen voneinander entfernen. Wie wir wissen, können Systeme unterschiedlich stark chaotisch sein: Auf eine Wettervorhersage kann man sich etwa eine Woche lang verlassen, den Weg eines Schiffchens in einem turbulenten Bach können wir ein paar Sekunden vorsehen. Daß die Erde aus ihrer Umlaufbahn geschleudert wird, müssen wir zeit unseres Lebens nicht mehr befürchten, dafür ist unser Sonnensystem glücklicherweise nicht chaotisch genug.

Der Vorhersagezeitraum ist nicht genau festgelegt. Man kann ihn verlängern, indem man die Anfangsbedingungen genauer bestimmt. So knüpfen Meteorologen ein immer engeres Meßnetz und verwenden schnellere Computer. Allerdings ist das ein mühseliges Geschäft: Weil kleine Fehler exponentiell anwachsen, braucht man für eine Vorhersage, die zwei Tage länger gültig sein soll, ungefähr die doppelte Information. Für eine Verlängerung um vier Tage müssen die Anfangsbedingungen schon viermal genauer bekannt sein. Eine Zwei-Wochen-Wettervorhersage wird deshalb in absehbarer Zeit schon an den Kosten scheitern, die Tausende neuer Meßstationen verursachen würden. Wir sollten uns aber immer klarmachen, daß die Natur Zufall und Chaos im allgemeinen nicht fein säuberlich trennt.

In Wirklichkeit spukt der Zufall ständig in Messungen herum – und auch in unserem Leben. So nehmen Wissenschaftler oft auch Meßfehler auf, etwa wenn ein Zeiger an einer Stelle etwas hängenbleibt. Oder äußere Einflüsse – wie die Erschütterungen durch eine vorbeifahrende U-Bahn – stören unser System. Das Ergebnis ergibt sich dann nicht aus dem Zustand im Moment davor, der Determinismus geht also verloren.

Schließlich ist auch der Mikrokosmos eine Quelle des Zufalls. Der Zustand von Atomen oder Elektronen verändert sich nicht kontinuierlich, wie wir das von Gegenständen aus unserer makroskopischen Umwelt her kennen – etwa von einem Tennisball, der eine erkennbare Flugbahn beschreibt. Vielmehr scheinen sie ihren Zustand in jedem Augenblick auszuwürfeln. Wie beim Roulette bleibt den Wissenschaftlern nur die Statistik. Sie wissen vielleicht, daß von zehn radioaktiven Atomen an einem Tag fünf zerfallen. Welche das sind, wissen sie aber erst nach der Umwandlung.

Weil in chaotischen Systemen auch kleinste Änderungen die Zukunft beeinflussen, kann sich der Zufall auch in die makroskopische Welt hinein ausdehnen. Wir können uns zum Beispiel ein radioaktives Radonatom in der Luft vorstellen.

Wenn es zerfällt, sendet es ein Strahlungsteilchen aus, das ein Nachbarteilchen anschubst – wie eine Billardkugel die andere. Dieses fliegt etwas mehr nach rechts, prallt in einem geringfügig anderen Winkel mit den nächsten Molekülen zusammen und so weiter.

## Attraktoren – wo Systeme enden

Wie aber läßt sich ein chaotisches, nichtlineares System beschreiben? Wir wissen bisher, daß sich sein Verhalten über einen kurzen Zeitraum abschätzen läßt, jedoch nie bis in ferne Zukunft. Das ist noch nicht allzuviel. Außerdem gelingt die Kurzzeit-Prognose erst in einem späten Forschungsstadium, wenn wir nämlich ein Modell des Systems besitzen. Dazu müssen wir aber schon eine ziemlich klare Vorstellung davon haben, wie beispielsweise eine Billardkugel von einer anderen abprallt oder wie beim Wetter die Luftmassen strömen, welchen Einfluß Sonne und Wolken oder ein Regenschauer haben. Oftmals steht jedoch kein ausgefeiltes Konzept zur Verfügung. Der Wissenschaftler lauscht dann Wassertropfen, die in sein Spülbecken fallen, oder nimmt die Schläge von Kükenherzen auf und grübelt, ob das Signal regelmäßig oder chaotisch ist – oder rein zufällig.

Glücklicherweise zeigen auch chaotische Systeme eine Form von Ordnung, die sie verrät. Um diese sichtbar zu machen, wählt der Forscher eine ganz bestimmte Darstellung. Es ist so ähnlich, wie wenn man die Knochen im Körper des Menschen betrachten möchte. Diese sind nicht ohne weiteres zu sehen, sie erscheinen aber auf einer Röntgenaufnahme. Genauso ist es bei chaotischen Systemen: Sie zeigen ihre Ordnung, wenn man ihr Verhalten im sogenannten »Phasenraum« aufträgt. Die Darstellung ähnelt ein bißchen den

Landkarten; wenn es uns interessiert, wo zum Beispiel Hamburg liegt, genügt ein Blick – sofort wird klar, wie weit im Norden und Westen sich die Hansestadt befindet. Ähnliche Karten zeichnen nun die Forscher, um chaotische Systeme zu beschreiben. Allerdings tragen sie nicht Längen- und Breitengrade ein, sondern andere Größen. Zum Beispiel neben dem Ort eines Teilchens auch seine Geschwindigkeit oder den Impuls (das heißt seine Masse mal die Geschwindigkeit). Ein anschauliches Beispiel dieser Darstellungsweise findet sich auf Seite 71 dieses Buches.

### Auf den Punkt gebracht

Wie entstehen solche Diagramme? Betrachten wir eine Murmel, die wir in eine Salatschüssel werfen. Anfangs bewegt sie sich, sie rollt in der Schüssel nach unten, auf der anderen Seite wieder hinauf. Durch die Reibung verliert sie allmählich an Energie. Schließlich bleibt sie in der Mulde liegen. Die Kugel behält jetzt ihre Position, ihre Geschwindigkeit ist null. Der Wissenschaftler beschreibt die Bewegung, indem er in der Phasenraum-Karte eine Linie einzeichnet. Sie beginnt in einem Punkt, der dem Ort und der Geschwindigkeit am Anfang entspricht und endet in einem anderen Punkt – genauso, wie wenn wir unsere Fahrt von München nach Berlin auf einer Landkarte einzeichnen. Jede Stelle auf der Linie gibt uns den Zustand der Murmel in einem bestimmten Moment. Wir können etwa ablesen, daß sie nach 3,3 Sekunden gerade die linke Wand hinaufrollt und eine Geschwindigkeit von 2,5 Zentimetern pro Sekunde hat.

Wenn wir die Kugel noch ein paarmal in die Schüssel werfen und die Linie in das Diagramm einzeichnen, erkennen wir eine Regelmäßigkeit: Die Linien enden nämlich alle in einem Punkt, und zwar in dem, der die Geschwindigkeit null anzeigt und an der tiefsten Stelle liegt. Weil dieser Punkt im

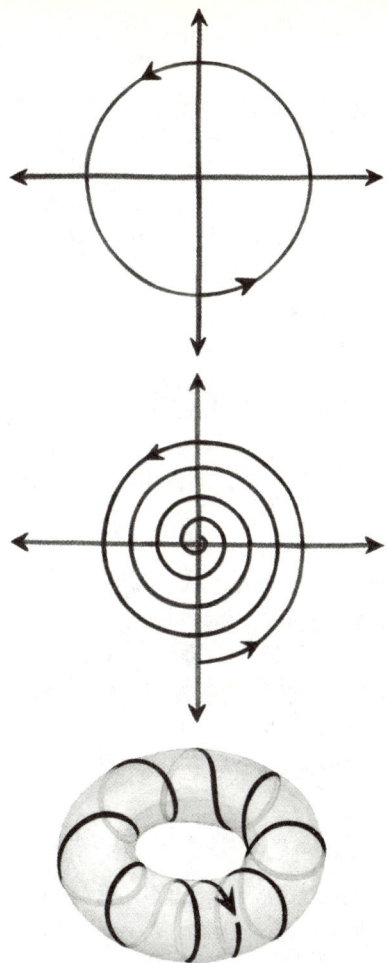

Drei wichtige Attraktoren nichtchaotischer Systeme.
Oben: Ein Grenzzyklus. Er beschreibt zum Beispiel die Bewegung eines Uhrenpendels. Nach einem festen Zeitintervall erreicht es immer wieder den gleichen Zustand.
Mitte: Ein System, das von einem Punktattraktor angezogen wird, etwa einer Murmel in einer Schüssel.
Unten: Ein Torus-Attraktor.

Phasenraum die Kugel anzuziehen scheint, bezeichnet man ihn auch als Attraktor, genauer als Punkt-Attraktor. Er ist das wichtigste in unserem Phasenraum-Diagramm. Wir können jetzt alle Linien wegwischen und nur den Punkt stehenlassen. Trotzdem weiß ein Wissenschaftler, der das Bild sieht, schon eine ganze Menge über das System »Murmel in der Salatschüssel«: »Aha«, denkt er sich, »sie bewegt sich immer auf den gleichen Punkt zu und bleibt dort liegen.« Nicht nur unsere Murmeln steuern auf einen Punkt-Attraktor hin, die meisten Systeme im Universum folgen diesem Weg – nämlich alle, bei denen es Reibung gibt und denen nicht ständig Energie zugeführt wird: Ein Uhrenpendel bleibt stehen, wenn wir es nicht weit genug auslenken; ein Kiesel in einem Fluß wird eine Zeitlang von der Strömung mitgeschleppt und bleibt schließlich an einer ruhigen Stelle liegen, wenn vielleicht auch erst im Ozean.

Punkt-Attraktor-Systeme sind nicht chaotisch. Zwei Murmeln, die wir praktisch an derselben Stelle loslassen, bleiben immer nahe beieinander. Und langfristige Prognosen können wir ebenfalls stellen: Wo die Kugel auch losrollt, nach längerer Zeit liegt sie immer in der Mulde. Solche Systeme sind also unempfindlich gegenüber den Anfangsbedingungen.

## Von Grenzzyklen und Autoreifen

Doch es gibt auch andere Attraktoren. Betrachten wir zum Beispiel ein Uhrenpendel, das wir weit genug auslenken: Es endet nicht in der Null-Lage, sondern schwingt durch sie hindurch, auf der anderen Seite hinauf, schließlich wieder zurück. Die Auslenkung ist bei jeder Schwingung gleich. Natürlich verliert das Pendel durch Reibung Energie. Es erhält sie jedoch in jedem Durchgang wieder. Im Phasenraum endet das Pendel deshalb an keinem Punkt, vielmehr wandert es auf einer Ellipse entlang. Jede Kombination aus Ort und Geschwindigkeit wird nach einer bestimmten Zeit wieder erreicht, der sogenannten Periodendauer.

Die Ellipse bezeichnen die Chaosforscher als Grenzzyklus. Auch wenn das Pendel anfangs weiter hinaufschwingt, mit der Zeit endet es doch auf diesem Oval. Auch Grenzzyklus-Systeme verhalten sich nicht chaotisch: Kennen wir den Ort des Pendels auf einen Zehntel Millimeter genau, ist er uns auch eine Periode später auf einen Zehntel Millimeter genau bekannt. Und auch nach langer Zeit sind zwei Pendel, die anfangs dicht beisammen waren, immer noch eng beieinander.

Auch in der Biologie treten Grenzzyklus-Systeme auf. Nehmen wir an, auf einer einsamen (aber üppig bewachsenen) Insel gäbe es nur Kaninchen. Diese haben reichlich zu fressen und vermehren sich dementsprechend. Unglücklicherweise kommt ein Schiff vorbei, das Wölfe für einen europäischen Zoo transportiert. Durch einen Zufall (der Wächter sah gerade ein spannendes Fußballspiel im Fernsehen und bemerkte deshalb nichts) entkommen diese bei einem Zwischenstopp. Welch ein Paradies für sie! Jede Menge appetitlicher Kaninchen! Jahrelang schlagen sie sich kräftig den Bauch voll und vermehren sich dementsprechend. Die Zahl der Kaninchen nimmt dabei ständig ab – erst langsam, solange es noch wenige Wölfe gibt, dann immer schneller. Schließlich finden die Wölfe nicht mehr genug zu fressen. Ein Teil von ihnen verhungert. Sobald es weniger Jäger gibt, sind aber die Lebensbedingungen für die gejagten Mümmelmänner wieder besser. Ihre Zahl steigt und so fort. Zeichnen wir die Zahl der Jäger und Beuteopfer in ein Phasendiagramm, erhalten wir wieder eine Ellipse.

Alle komplizierten Attraktoren, die nicht chaotische Systeme beschreiben, ähneln diesem Grenzzyklus. Die Schwingung von zwei oder drei unabhängigen Pendeln läßt sich nicht mehr vollständig in einem zweidimensionalen Phasenraum beschreiben. Es ist so, wie wenn man sich in einem

Hochhaus verabredet. »Wir treffen uns am Aufzug«, können wir sagen und damit einen Punkt in einem Geschoß festlegen. Wenn der Aufzug jedoch in 23 Stockwerken hält, ist damit nicht viel gewonnen. Um einander zu treffen, müssen wir eine weitere Koordinate angeben – eben das Stockwerk. Genauso bei komplizierten Systemen, sie wandern durch immer höherdimensionale Phasenräume, entlang immer höher dimensionierter Attraktoren. In drei Dimensionen wird aus dem Ring ein Autoreifen, ein sogenannter Torus. Höhere Dimensionen können sich Menschen nicht mehr vorstellen, weil ihre Welt auf drei Dimensionen beschränkt ist. Doch wie viele Dimensionen auch nötig wären, um ein kompliziertes System darzustellen, eine wichtige Eigenschaft bleibt doch gleich: Ihre Bewegung läßt sich vorhersagen. Auch wenn man hundert Pendel hat, deren Anfangsort man in etwa kennt, weiß man nach geraumer Zeit immer noch, wo sie sich befinden. Oder anders ausgedrückt: Zwei Punkte im Phasenraum, die zu einem Zeitpunkt nahe beieinander sind, bleiben auch in absehbarer Zeit beisammen.

### Seltsame Attraktoren ...

Kommen wir nun zu Edward Lorenz zurück. Er hatte die Entwicklung des Wetters – stark vereinfacht – durch drei Gleichungen beschrieben. Sie sahen ziemlich simpel aus, allerdings eben nichtlinear: Wenn sich eine Größe mit gleichmäßiger Geschwindigkeit veränderte, nahmen die anderen nicht gleichmäßig zu oder ab. Vielmehr wuchsen sie manchmal langsam, manchmal hingegen rasend schnell. Das System von Lorenz zeigte ein anderes Verhalten als unsere bisherigen, und als er den Anfangswert um Winzigkeiten veränderte, bekam er nach kurzer Zeit ein ganz anderes Wetter. Auch Lorenz hat sein Wetter im Phasenraum dargestellt, es nähert sich allerdings nicht unseren bekannten Punkt- oder

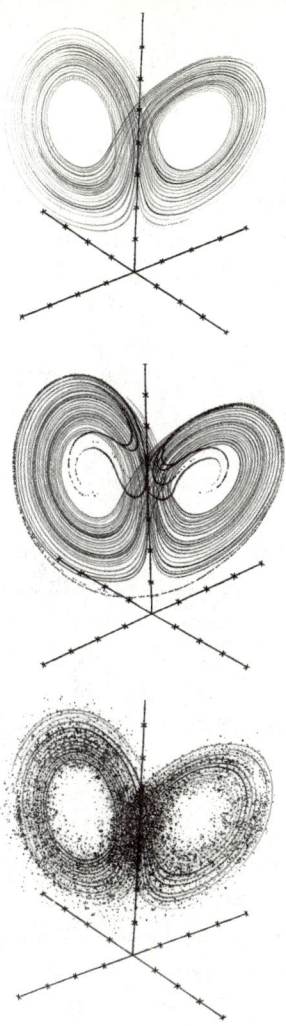

Der prominenteste seltsame Attraktor, der Lorenz-Attraktor. Die Linie, die im mittleren Bild wächst und unten als Nebel erscheint, zeigt, wie sich das chaotische Wetter in der Zukunft entwickeln kann. Ziemlich schnell ist eine Vorhersage nicht mehr möglich, das System kann statt dessen jeden Wert in der Nähe des Attraktors annehmen.

Grenzzyklus-Attraktoren an, sondern einem eigenartigen Gebilde, das wie ein Paar Ohren aussieht und nach seinem Entdecker Lorenz-Attraktor genannt wird. Zusammen mit anderen Attraktoren, die chaotische Systeme beschreiben, nennt man ihn auch »seltsamen Attraktor«.

Wie verhalten sich nun nahe beieinanderliegende Punkte im Phasenraum? Zu einem bestimmten Zeitpunkt haben wir die Größen des Systems gemessen, wir kennen beispielsweise die Temperatur und den Druck. Weil unsere Meßgeräte nicht hundertprozentig genau gehen, können wir allerdings nur ungefähre Aussagen machen: »Es ist zwischen 18,3 und 18,4 Grad warm. Der Druck liegt bei 1 bar plus/minus 0,01 bar.« Die Bereiche, die den Werten entsprechen, zeichnen wir in unser Phasenraum-Diagramm ein.

Mit Schrecken beobachten wir nun, daß die Punkte schnell auseinanderwandern. Der winzige Ausgangsbereich wird wie ein Luftballon aufgeblasen. Mit der Zeit nähern sich die Punkte immer mehr dem Attraktor, jedoch an ganz verschiedenen Stellen. Die Situation erinnert an den Farbfleck auf dem Teig im letzten Kapitel. Wir können nun keinerlei Aussage mehr über das Wetter zu diesem Zeitpunkt machen, es kann wunderschön sein oder in Strömen regnen. Längerfristige Berechnungen nähern sich deshalb immer mehr der Wahrsagerei.

Der seltsame Attraktor macht seinem Namen alle Ehre: Er besteht aus einer unendlich langen Linie, die sich auch auf begrenztem Raum nie überkreuzt. Würde sie sich überschneiden, befände sich das System zu verschiedenen Zeitpunkten im gleichen Zustand – alle Werte, ob Temperatur, Druck oder was auch immer, wären identisch. Weil sich das System jedoch deterministisch – also in vorbestimmten Abläufen – verändert, hätte es zu diesen Zeiten aber die gleiche Zukunft, das heißt, es verhielte sich dann periodisch – so wie ein Pendel. Auch der Unterschied zu einem zufälligen System wird deutlich: Dessen Punkte lägen im Phasenraum gleichmäßig verstreut, eine geordnete Struktur ließe sich nicht erkennen. Insofern tut der Name Chaos dem Phänomen ein bißchen unrecht. Chaotische Systeme zeigen weitaus mehr Ordnung als viele andere.

### ... und was sie den Wissenschaftlern sagen

Wenn der Wissenschaftler den seltsamen Attraktor konstruiert hat, kann er nun mehrere Größen ablesen, die sein System beschreiben. Zum Beispiel kann er – so ähnlich wie wir weiter oben – zwei eng benachbarte Punkte in den Phasenraum setzen und beobachten, wie schnell sie sich voneinander entfernen. Er erhält den »Ljapunov-Exponenten«. Dieser gibt ihm an, wie nichtlinear sein System ist. Ein kleiner Ljapunov-Exponent sagt ihm: Das System verändert sich relativ langsam. Ein großer: Vorhersage zwecklos, kleine Fehler werden schnellstens vergrößert.

Eine andere interessante Größe ist die Dimension des Attraktors. Wir haben bereits bei den Pendeln gesehen, daß immer mehr Dimensionen nötig sind, je komplexer das beschriebene System wird. Ließ sich die Schwingung eines Pendels noch durch eine geschlossene Linie – einen Grenzzyklus – darstellen, so brauchten wir bei zwei Pendeln schon drei Dimensionen für den Torus-Attraktor. Die Forscher gehen nun oft umgekehrt vor: Sie konstruieren den seltsamen Attraktor und bestimmen dann die Dimension. Je höher diese ist, desto komplexer ist das chaotische System, das heißt, um so mehr Größen beeinflussen das Meßsignal. Wie wir die Dimension eines Attraktors bestimmen, sehen wir uns später an. Nur soviel: Sie ist gebrochen, liegt also zwischen zwei ganzen Zahlen – der Attraktor ist ein sogenanntes Fraktal.

# Wege ins Chaos

Komplexe, nichtlineare Systeme verhalten sich aber nicht in jedem Fall chaotisch. Denken wir nur an einen Fluß: Billiarden von Wasserteilchen wechselwirken auf komplizierte Weise miteinander. Trotzdem strömt der Fluß meist gleichmäßig und träge der Mündung zu. Zwei Schiffe können ewig nebeneinander hertreiben, ein wenig weiter links oder rechts, das spielt keine Rolle. Auch gegen Störungen ist der Strom unanfällig; wir können einen Stein hineinwerfen, ohne eine bleibende Änderung zu verursachen – eine Welle läuft über die Oberfläche, danach ist alles wie zuvor. Wie kommt es, daß ein ähnliches System, ein Gebirgsbach, nur so strotzt vor Turbulenz? Ein Wirbel geht in den nächsten über, Wellen schwappen auf und nieder und niemand kann den Weg eines Papierschiffchens darauf auch nur eine Minute vorhersagen. Dabei fließt auch in dem Bach nur Wasser, ja sogar viel weniger als in einem Fluß. Offensichtlich gibt es also Größen – Wissenschaftler sagen Parameter –, die ein berechenbares System in ein chaotisches verwandeln. Wie sieht so ein Übergang aus?

## *Eine falsche Vorstellung*

Schon in den vierziger Jahren entwickelte der russische Physiker Lew Landau eine Theorie, nach der sich eine ruhige Strömung schrittweise in eine turbulente verwandelt. Danach beginnt die Flüssigkeit – ähnlich einer Gitarrenseite – bei einer bestimmten Geschwindigkeit plötzlich zu schwingen. Die zuvor gleichmäßige Strömung schwankt nun periodisch. Wenn sich die Geschwindigkeit weiter erhöht, treten immer mehr Schwingungen hinzu: Wie in einem Orchester, in dem die Musiker nacheinander einstimmen, überlagern sich so immer neue Frequenzen. Die Bewegung der Flüssigkeit wird komplizierter, bis sie schließlich völlig unregelmäßig erscheint – eben turbulent.

Die Attraktoren, die Landaus Strömung im Phasenraum beschreiben, schwingen sich mit jeder zusätzlichen Frequenz in immer höhere Dimensionen. Zu Beginn nähert sich das System einfach einem Punkt-Attraktor: Bei einem ruhigen Fluß ist die Geschwindigkeit konstant – oder wird wieder konstant, wenn der Strom gestört wurde. Sobald die erste Schwingung einsetzt, ändert sich die Situation. Jetzt ähnelt die Flüssigkeit einem Uhrpendel: Sie erreicht den gleichen Zustand jeweils nach einem bestimmten Zeitintervall. Wie das Pendel wandert auch Landaus Strömung nun auf einem Grenzzyklus entlang. Tritt die zweite Frequenz hinzu, springt das System auf einen dreidimensionalen Torus, danach auf einen vier-, fünf- und sechsdimensionalen – bis der turbulente Zustand erreicht ist und die Strömung von einem hochdimensionalen Attraktor angezogen wird.

Landaus Turbulenz-Modell wurde von den Wissenschaftlern über 25 Jahre lang anerkannt. Vielleicht spielte dabei auch sein großer Name eine Rolle: Landau bekam nicht nur 1962 den Physik-Nobelpreis, er verfaßte auch das wohl umfangreichste Lehrwerk der theoretischen Physik. Allerdings erklärt Landaus Theorie ein paar Eigenschaften nicht, die wir etwa in einem wilden Bach beobachten können: Zum Beispiel ist seine Strömung unempfindlich gegenüber den Anfangsbedingungen. Zwei benachbarte Systeme auf einem Torus, wie hochdimensional auch immer, entfernen sich höchstens langsam voneinander. Oder, wenn wir auf unser Schiffchen-Spiel zurückkommen: Zwei Papierschiffe, nebeneinander losgelassen, würden den turbulenten Bach zusammen herunterschaukeln.

Das geschieht in der Realität jedoch nicht. Dort kann es durchaus passieren, daß ein Boot von einem Wirbel »eingefangen« wird und erst mit deutlicher Verspätung das Ziel erreicht. Solche Ungereimtheiten veranlaßten Anfang der siebziger Jahre eine Reihe von Forschern, nach Alternativen zu Landaus Theorie zu suchen.

### Die seltsame Alternative und ihre Bestätigung

1971 stellten der französische Physiker David Ruelle und der holländische Mathematiker Floris Takens ein neues Szenario vor. In einem Aufsatz mit dem Titel ›On the Nature of Turbulence‹ beschrieben sie einen rascheren Übergang. Zwar sollten sich der ruhigen Strömung wie bei Landau nacheinander die ersten beiden Schwingungen überlagern. Dann prophezeiten Ruelle und Takens jedoch den direkten Sprung in die Turbulenz – der Rest des Orchesters sollte auf einen Schlag einsetzen.

Im Gegensatz zu Landau kamen die beiden Wissenschaftler auch ohne hochdimensionale Attraktoren aus. Statt dessen glaubten sie, daß sich das System im Phasenraum einem merkwürdigen Gebilde nähert. Dieses sollte nur wenige Dimensionen besitzen, trotzdem aber nicht periodisch sein – ein System, das ihm folgt, sollte niemals wieder in den gleichen Zustand geraten. Ruelle und Takens nannten das Gebilde »strange attractor« – jenen seltsamen Attraktor, dem wir schon oben begegnet sind. Einer der schillerndsten Begriffe der Chaosforschung war geboren.

Die Fortschritte in dem jungen Wissenschaftsgebiet kamen zu jener Zeit eher zufällig zustande: Der Überbegriff Chaos sollte erst vier Jahre später in einem Aufsatz des amerikanischen Mathematikers James Yorke eingeführt werden, Forscher arbeiteten an ähnlichen Problemen, ohne voneinander zu wissen und somit voneinander zu profitieren. Der Zustand änderte sich erst gegen Ende der siebziger Jahre, als sich Chaos als Forschungsgebiet etablierte. So ist es typisch, daß

Ruelle und Takens noch nichts von Lorenz gehört hatten, dessen Wettermodell ja auch einem seltsamen Attraktor folgte, auch wußten sie nicht, daß sie drei Jahre später ohne Absicht bestätigt wurden.

Jerry Gollub vom Haverford College in Pennsylvania und Harry Swinney von der Universität Texas hatten 1974 ihrerseits von der neuen Theorie noch nichts gehört. Sie wollten in ihrem Experiment lediglich Landaus Weg zur Turbulenz prüfen. Ihre »Couette-Zelle« erinnerte an zwei ineinandergepreßte Tennisballdosen: Ein etwas kleinerer Zylinder steckte in einem größeren, beide ließen sich unabhängig voneinander drehen. Der schmale Zwischenraum war mit einer Flüssigkeit gefüllt, die bei der Rotation der Zylinder mitgerissen wurde und zwischen den Flächen entlangströmte.

Swinney und Gallob maßen an einem Punkt die Geschwindigkeit des Fluids. Zuerst verhielt es sich genauso wie in beiden Theorien vorhergesagt: Bei kleinen Rotationsgeschwindigkeiten strömte die Flüssigkeit gleichmäßig, ab einem bestimmten Grenzwert schwankte die Geschwindigkeit periodisch, erst mit einer Frequenz, dann trat eine zweite hinzu. Nach Landau – auch Gallob und Swinney erwarteten nichts anderes – hätte jetzt eine dritte Schwingung folgen müssen. Statt dessen erschien plötzlich ein kontinuierliches Band von Frequenzen, ganz im Einklang mit Ruelle und Takens.

## Verhulsts Gleichung

Doch es führen noch andere Wege ins Chaos. Bei einem weiteren Übergang verwundert es am meisten, daß die Wissenschaftler ihn erst so spät entdeckten. Eine Fachrichtung, die schon lange den Schlüssel in der Hand hielt, war die Biologie, dort sind die Wechselwirkungen noch erheblich verzwickter als in der Physik. Es gibt Millionen von Spezies, deren Zahl von Nahrung und Feinden beeinflußt wird, von Krankheiten, dem Wetter und der Umweltverschmutzung. Und auch hier existiert Stabilität neben Chaos: Viele Arten scheinen gegen den Lauf der Welt völlig unempfindlich zu sein. Haie existieren schon mehrere hundert Millionen Jahre fast unverändert. Andere, wie die Saurier, sterben plötzlich aus – oder vermehren sich explosionsartig, wie die letztes Jahrhundert in Australien ausgesetzten Kaninchen. Lemminge sollen in Vier-Jahres-Rhythmen auftauchen. Viele Epidemien erscheinen schließlich in ganz unregelmäßigen Abständen.

Ein Forscher, der sich an die Aufgabe wagte, eine Formel für die Entwicklung von Tierpopulationen anzugeben, war der Holländer Verhulst. Der Einfachheit halber betrachtete er eine Spezies, deren Zahl nur von der Nahrungsmenge abhing, also keine natürlichen Feinde zu fürchten hatte. Damit uns der Gedanke nicht allzu abwegig erscheint, können wir uns vorstellen, daß ein paar Tiere auf einer einsamen Insel ausgesetzt werden. Weiterhin nahm Verhulst an, daß die Population eines Jahres nur von der Zahl der Tiere im Vorjahr abhängt. Das ist bei vielen Insekten recht gut erfüllt. Sie leben oftmals nur einen Sommer, legen ihre Eier, aus denen ein Jahr später die nächste Generation schlüpft.

Wie mag also eine Gleichung für die Tierzahl aussehen? Vor Verhulst nahm man lediglich an, daß jedes Tier im Durchschnitt eine bestimmte Zahl von Nachkommen pro Jahr hat. Die Zahl kann je nach Art erheblich schwanken: Bei Menschen ist sie kleiner als eins, bei Fischen oder Insekten kann sie leicht tausend betragen.

Setzen wir für die Zahl der Nachkommen also erst einmal den Buchstaben c. Die Anzahl der Tiere dieses Jahr Zn (n für neu) ist dann

$$Zn = c \times Za$$

wenn Za die Zahl der Tiere letztes Jahr (alt) war. Eine solche Gleichung nennt man auch iterativ. Jedes Ergebnis – der output – wird wieder eingegeben (als input verwendet), um das nächste Ergebnis zu berechnen.

Kann die Formel so stimmen? Am Anfang spricht wenig dagegen. Ein paar Tiere auf einer einsamen Insel mit ausreichend Nahrung können durchaus jedes Jahr ihre Zahl verdoppeln (c wäre dann gleich zwei). Mit der Zeit aber wird die Entwicklung kritisch: Bei zwei ausgesetzten Tieren würden nach dreißig Jahren schon eine Milliarde die Insel bevölkern, nach fünfzig Jahren wären eine Billiarde gefräßige Mäuler zu stopfen. Und ein paar Jahrzehnte später bliebe auch Raumschiff Enterprise auf dem Weg zu fernen Zivilisationen stecken, das Weltall wäre verstopft mit unseren Insekten.

Die Formel ist noch nicht das Optimum – dachte auch Verhulst. Offensichtlich kann die Anzahl der Tiere auf unserem Eiland eine bestimmte Grenze nicht überschreiten, nennen wir sie Zm, und wenn zu viele geboren werden, hat ein Teil nichts mehr zu fressen und muß wieder sterben. Verhulst fügte deshalb den Faktor

$$\frac{(Zm - Za)}{Zm}$$

an. Wir könnten uns auch andere Anhängsel ausdenken, um den Einfluß der begrenzten Nahrung zu berücksichtigen, aber Verhulsts Ansatz ist relativ einfach und erfüllt den Zweck: Der Faktor wird immer kleiner, je größer die Zahl unserer Insekten wird. Er verringert somit die Population und sorgt dafür, daß sie den Maximalwert nicht überschreitet. Um schließlich einen übersichtlichen Wert zu erhalten und verschiedene Populationen miteinander vergleichen zu können, teilte Verhulst noch beide Seiten durch Zm. Das hat den Effekt, daß wir einen Anteil bekommen statt absoluter Zahlen.

41

Es ist, wie wenn wir sagen: »Ein Fünftel der Deutschen wohnt in den neuen Bundesländern« statt »16 Millionen Deutsche leben in Ostdeutschland«. Es ändert nichts Wesentliches. Das Ergebnis war dann:

$$Xn = c \times Xa \, (1 - Xa)$$

(wobei die Xn und Xa den alten Zn und Za entsprechen, nur geteilt durch Zm.) Das ist die sogenannte logistische Gleichung. Stolz lehnte sich Verhulst zurück – und auch alle anderen Biologen. Über hundert Jahre rechneten sie damit, ohne an Chaos auch nur zu denken.

Generationen von Forschern haben dann untersucht, wie sich die Population für verschiedene Geburtenzahlen entwickelt. Sie haben einen Wert für c genommen, zum Beispiel zwei, und einen Startwert für Xa, etwa 0,1. Dann haben sie berechnet, was in zehn oder hundert Jahren herauskommt.

Ist c kleiner als eins, stirbt die Tierart aus, denn Xn wird früher oder später null. Wenn c zwischen eins und drei liegt, nähert sich der Anteil Xn einem Wert zwischen null und eins und bleibt dann stabil. Bis hierher glaubten die Biologen, daß ihre Ergebnisse einigermaßen die Wirklichkeit beschrieben. Daß die Zahl der Tiere bei immer gleichem Nahrungsangebot und ohne Feinde konstant bleibt, das erschien plausibel.

Als sie die Zahl der Nachkommen aber auf mehr als drei erhöhten, wollte die Gleichung ihnen komische Dinge weismachen: Plötzlich sprang die Zahl der Tiere zwischen zwei Werten hin und her. Diese spalteten sich bei 3,45 wiederum auf. Nun ergab sich nur noch jedes vierte Jahr die gleiche Population. In immer kürzerem Abstand verdoppelte sich dann die Periode. Ab 3,57 wurde sie schließlich unendlich: Jedes Jahr sollte eine andere Zahl von Tieren leben. Die Biologen zogen daraus lange nur einen Schluß, nämlich daß die Gleichung für hohe Wachstumsraten nicht brauchbar ist.

Erst 1977 zeigten die deutschen Physiker Großmann und Thomae, was wir uns schon fast denken können: Daß die logistische Gleichung den Übergang ins Chaos zeigt. Indem man den Parameter c verändert, wird das stabile System chaotisch. Für c = 1,5 ist der Anfangswert noch egal – ob zehn oder hundert Tiere, nach einer gewissen Zeit pendelt es sich immer auf dem gleichen Endwert ein. Bei vier Nachkommen (c = 4) spielt die Anfangspopulation hingegen eine entscheidende Rolle: Wenn anfangs statt hundert Insekten 105 die Insel bevölkern, sind die Insektenzahlen für alle Zukunft verschieden. Großmann und Thomae entdeckten auch, daß die Punkte, an denen sich die Periode verdoppelt, in einem bestimmten Abstand zueinander stehen. Der Abstand zwischen zwei aufeinanderfolgenden Verzweigungspunkten verkürzt sich immer um den gleichen Faktor 4,6692. Weil dieser Weg ins Chaos über Verzweigungen läuft – Bifurkationen – wird er auch Verdopplungsweg oder Bifurkationsweg ins Chaos genannt.

Daß nicht nur die logistische Funktion den Verdopplungsweg ins Chaos beschreibt, sondern eine ganze Reihe von Gleichungen, zeigte schon ein Jahr später der amerikanische Physiker Mitchell Feigenbaum. Das Sensationelle an seinem Ergebnis war, daß die Gleichungen ganz unterschiedliche Systeme beschrieben: Börsenkurse, Rotationspendel oder auch elektrische Schaltungen. Und immer folgten ihre Verzweigungspunkte im gleichen Rhythmus, betrug das Verhältnis der Abstände 4,6692 (die Zahl wird seitdem auch »Feigenbaumzahl« genannt – Ehre, wem Ehre gebührt). Offensichtlich hängt der Übergang ins Chaos also nicht von den Einzelheiten ab, sondern ist universell.

## Das Feigenbaum-Diagramm

Ein schöner Nebeneffekt an unserem Insekten-Beispiel ist, daß wir den Übergang ins Chaos auch leicht im Phasenraum-Diagramm darstellen können: Wir tragen die Zahl der Nachkommen auf der x-Achse auf; die Tierzahl, die nach einigen Jahren erreicht wird (den Attraktor), auf der y-Achse. Weil uns Feigenbaum auch hier wieder um zwanzig Jahre zuvorge-

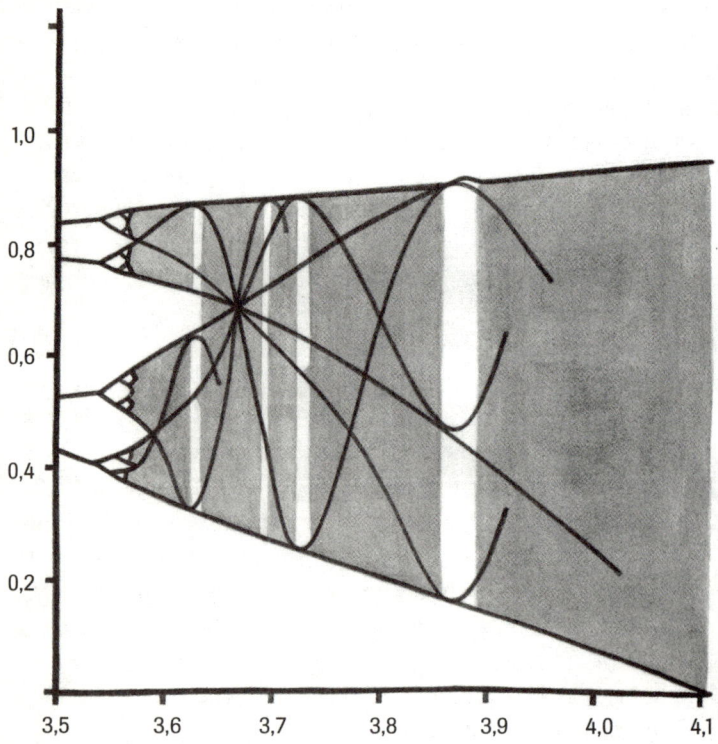

Feigenbaum-Diagramm. Steigt die Zahl der Nachkommen auf mehr als 3,56 (x-Achse), pendelt die Zahl der Tiere chaotisch zwischen ganz verschiedenen Werten. Bei den weißen *Fenstern* wird das Chaos kurzzeitig zurückgedrängt.

kommen ist, heißt diese Darstellung Feigenbaum-Diagramm. Auch in diesem Schaubild tauchen wieder markante Strukturen auf: Bei bis zu drei Nachkommen sehen wir nur eine Linie, eine Reihe von zusammenhängenden Punkt-Attraktoren. Dann verästelt sich diese Linie wieder und wieder, bis sie bei 3,57 in einen dichten Punktnebel übergeht. Doch auch hier erkennen wir Ordnung: dunkle Bereiche – Tierzahlen, die häufig vorkommen – und weiße Gebiete: Populationen, die nie auftreten. Besonders auffällig sind die senkrechten weißen Streifen, die den Nebel durchschneiden. In diesen »Fenstern« wird das Chaos kurzzeitig zurückgedrängt, und es erscheinen periodische Lösungen. Schlüpfen aus den Larven unserer Insekten zum Beispiel durchschnittlich 3,84 Nachkommen, so springt die Population nur zwischen drei Werten hin und her. Bei einer etwas höheren Zahl verdoppelt sich die Periode auf sechs Jahre, dann auf zwölf und schon ist das System wieder ins Chaos abgestürzt. Wenn sich solche stabilen Bereiche mit chaotischen abwechseln, spricht man auch von Intermittenz.

## Fraktale – Zwilling in jeder Größe

Wenn von Chaos die Rede ist, haben viele von uns auch den Begriff »Fraktal« im Hinterkopf. Wir erinnern uns an schöne, farbige Bildchen auf Buchumschlägen oder in Zeitungen, an Wunderwerke aus dem Computer, die wir sofort statt des Picassos im Wohnzimmer aufhängen würden. Die Formen tragen so lustige Namen wie »Apfelmännchen«, was andeutet, daß bei dem Ganzen auch eine Menge Spaß dabei ist, und sollen irgendwie die Natur abbilden. »Fraktale sind chaotisch« (oder so ähnlich) reimen wir uns dann die Beziehung zwischen den Begriffen zusammen. Der Begründer der Fraktalforschung war der Mathematiker Benoit Mandelbrot, sicher eine der schillerndsten Figuren der Wissenschaftsgeschichte. 1924 in Polen geboren, zog er mit seiner Familie 1936 nach Paris. Dort studierte er auf den Elite-Universitäten École Normale und École Polytechnique, bevor er nach Amerika übersiedelte. Mandelbrot hatte eine außergewöhnliche Begabung, Muster zu erkennen und Aufgaben aus den verschiedensten Bereichen mit Bildern zu lösen. Damit konnte er seine Schwächen auf anderen Gebieten ausgleichen. Er selbst kokettierte gern damit, kaum das Alphabet oder das Einmaleins zu beherrschen. Auch wenn das vielleicht etwas übertrieben ist: Wir sehen doch, daß man sich durch kleine Schwächen im Leben nicht entmutigen lassen sollte.

Ein auffälliges Merkmal in Mandelbrots Karriere war, daß er nie lange bei einem Fachgebiet verweilte. Eine Zeitlang interessierte er sich für die Schwankungen im Nilhochwasser, dann wieder für Störungen in der Telefonleitung oder dafür, wie die Baumwollpreise seit dem Jahr 1900 stiegen und sanken. Dabei entdeckte er einige merkwürdige Regelmäßigkeiten. Bestimmte Rhythmen schienen in verschiedenen Zeitskalen aufzutreten. Die Preisschwankungen innerhalb von Tagen ähnelten verblüffend den Verläufen über Monate hinweg. Unerwartet war dies besonders, weil die Wirtschaftswissenschaftler lang- und kurzfristige Preisentwicklungen auf verschiedene Ursachen zurückführen: Während die Preise über Jahre hinweg von großen Ereignissen beeinflußt werden – wie Kriegen oder technischen Erfindungen – schwanken sie im Tagesverlauf eher zufällig.

Mandelbrot fand solche »Selbstähnlichkeit« in ganz verschiedenen Bereichen: Ob Nebengeräusche in Telefonleitungen oder Bäume in der Natur – immer zeigten sich ähnliche Formen in unterschiedlichen Größenordnungen. Äste und Blutgefäße verzweigen sich nach immer dem gleichen Muster. Greifen wir ein Stück heraus und vergrößern es, gleicht es wieder dem gesamten Gegenstand. Ähnlich ist es bei Bergen oder Wolken, Flüssen oder Galaxien. Mandelbrot nannte solch selbstähnliche Objekte Fraktale.

### Wie man eine Schneeflocke malt

Die Erkenntnis, daß Objekte in der Natur aus immer den gleichen Formen in unterschiedlichen Größenordnungen zusammengesetzt sind, veranlaßte die Forscher auch, sie auf neue Art zu beschreiben. Wir erkennen leicht, daß unsere »Schulgeometrie«, die sogenannte »euklidische Geometrie«, nur schlecht an die Natur angepaßt ist: Sie ist aus Geraden, Kreisen oder Dreiecken aufgebaut, doch diese Formen kommen in unserer Umwelt nicht allzuoft vor – es sei denn in Gegenständen, die von Menschen produziert wurden. Wollen wir ein Blatt oder ein Wolke darstellen, müssen wir sehr viele der euklidischen Formen zusammensetzen. Noch komplizierter wäre es, wenn wir einem Fremden am Telefon eine Malanleitung für eine Wolke geben wollten.

Auch bei der besten Beschreibung würde nur etwas sehr Grobes herauskommen. Wir können die euklidische Geometrie mit unserem Alphabet vergleichen. Es ist auch nur aus wenigen Zeichen aufgebaut. Wenn wir einen Text niederschreiben wollen, müssen wir uns Buchstabe für Buchstabe vorarbeiten. Die fraktale Geometrie ersetzt die wenigen geometrischen Buchstaben durch Rechenvorschriften – Algorithmen –, die der jeweiligen Form angepaßt sind. Das klingt beim ersten Hören ziemlich abstrakt. Spielen wir es deshalb einfach an einem Beispiel durch wie es auch auf Seite 48 von unten nach oben dargestellt ist:

Malen wir auf ein Blatt einen Strich. Dann setzen wir auf die Mitte des Strichs ein gleichseitiges Dreieck, deren Seiten ein Drittel der Länge des Strichs haben, und entfernen die Linien, die sich überlappen. Die entstandene Form besteht nun aus vier Abschnitten. Auf jeden setzen wir nach dem gleichen

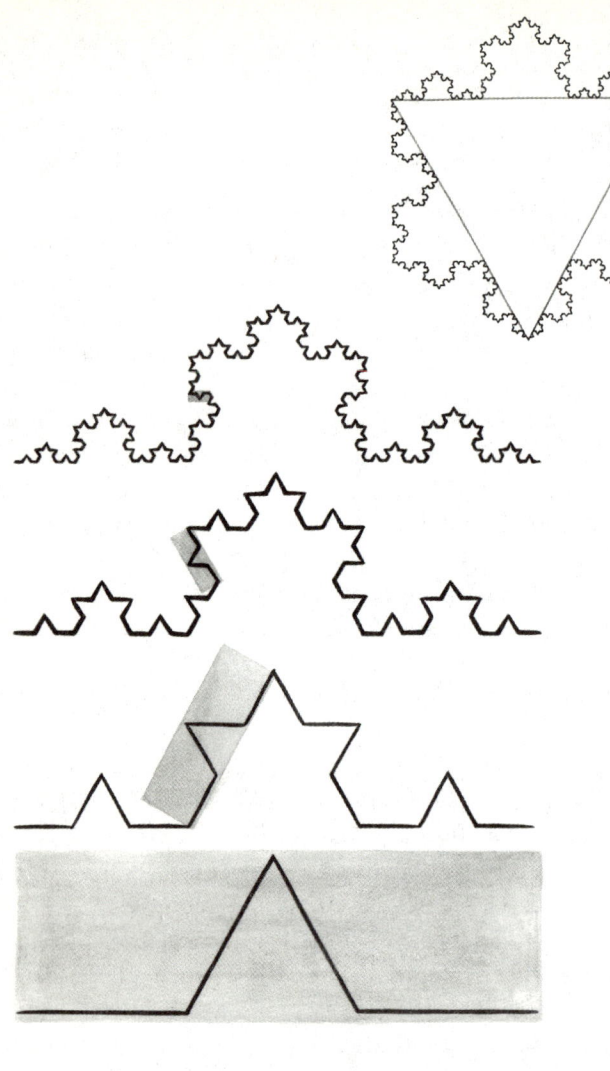

Konstruktion des als Kochsche Schneeflocke bekannten Fraktals.

Schema nun wieder ein Dreieck – und wiederholen den Vorgang erneut. Wenn wir uns das Ganze entlang den Seiten wiederum eines Dreiecks vorstellen, sehen wir innerhalb kürzester Zeit die »Kochsche Schneeflocke« vor uns.

Genauso können wir für Farne, Blätter oder Gebirge Algorithmen angeben, die aus nur wenigen Vorschriften bestehen, welche mehrmals wiederholt werden. Die Selbstähnlichkeit der Gebilde nutzen wir aus, indem wir in jedem Schritt die gleichen Formen verkleinert anfügen.

## Gebrochene Dimension

Warum nannte Mandelbrot selbstähnliche Objekte nun ausgerechnet Fraktale? Ganz einfach: Der Name verweist auf die Dimension der Gegenstände. Sie ist nämlich gebrochen – das heißt, sie liegt zwischen zwei ganzen Zahlen. Statt eins, zwei oder drei beträgt sie etwa 1,26 oder 0,62. Einer Anekdote zufolge entdeckte Mandelbrot das Adjektiv »fractus« (gebrochen), als er zufällig im Lateinwörterbuch seines Sohnes blätterte – wie das angebliche Analphabeten manchmal zu tun pflegen. Weil es die Eigenschaft seiner Forschungsobjekte so gut beschrieb, leitete er daraus den Namen Fraktal ab.

Wie können wir uns eine gebrochene Dimension vorstellen? Betrachten wir einen Faden. Wenn er langgestreckt vor uns liegt, schreiben wir ihm wahrscheinlich die Dimension eins zu. Natürlich hat er in Wirklichkeit ein gewisses Volumen – also einen dreidimensionalen Anteil –, aber das können wir vernachlässigen. Wir wickeln den Faden nun um ein Buch, bis er dessen gesamte Oberfläche verdeckt. Das eindimensionale Gebilde hat sich in ein zweidimensionales verwandelt. Was aber, wenn wir jetzt eine Schere nehmen und Fadenstücke herausschneiden, so daß der Umschlag an verschiedenen Stellen durchscheint? Die Dimension muß nun irgendwo zwischen eins und zwei liegen.

# Die Dimension eines Fraktals

Bei der Kästchenmethode wird ein Netz mit verschiedener Maschenweite über das Fraktal gelegt. Zum Beispiel bei der Kochschen Schneeflocke:

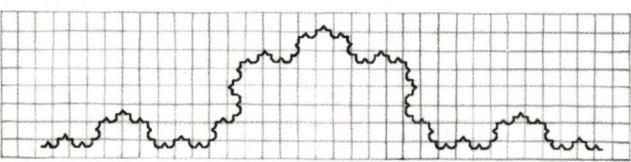

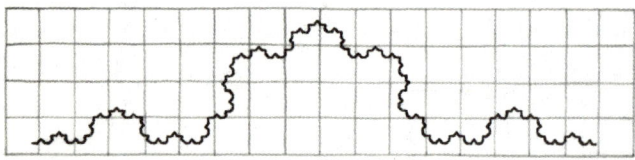

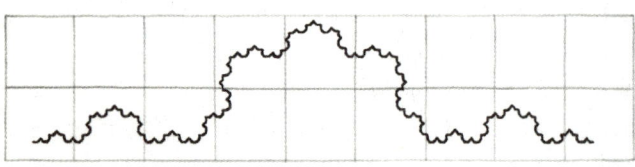

Im oberen Diagramm liegt die Maschenweite bei s = 0,25, die Anzahl der Kästchen, die das Fraktal beinhalten, bei N = 65.

Für das mittlere Diagramm gilt: s = 0,5, N = 27.

Im unteren Diagramm betragen die Werte für s = 1, für N = 11.

Die Zahl der Kästchen N, die das Gebilde überdecken, und die Maschenweite s hängen dann über

$$N \propto \frac{1}{s^D}$$

mit der Dimension D zusammen. Bei einem ausgefüllten Quadrat etwa vervierfacht sich die überdeckende Kästchenzahl, wenn die Maschenweite halbiert wird. Die Dimension ist dann D = 2. Umgeformt erhält man (mit der Konstanten k und dem Logarithmus ld):

$$ld\ N = k + D\ ld\ (1/s)$$

Tragen wir also in einem Schaubild den Logarithmus der Kästchenzahl gegen den Logarithmus von 1/s auf, können wir die Dimension an der Steigung der Geraden ablesen.

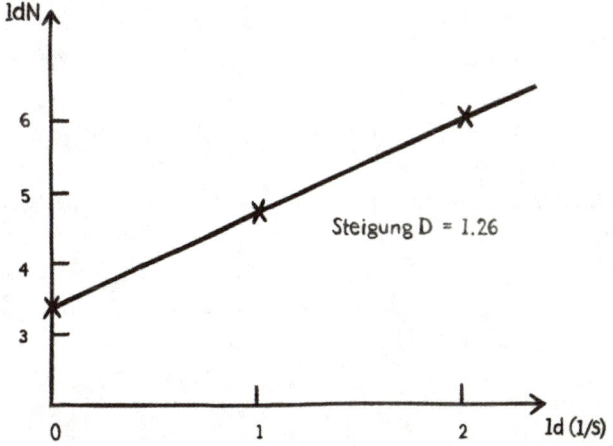

Voilà: Die Dimension der Kochschen Schneeflocke ist 1,26.

Fälle wie diesen gibt es häufig: Wolken sind nicht massiv, sondern erinnern an einen zerrissenen Wattebausch mit einem großen »Luftanteil« – jemand hat die Dimension 2,35 ausgerechnet. Unsere Adern füllen einen ganz bestimmten Teil des Körpers. Das Gehirn – Dimension 2,79 – schließlich ist zerfurcht wie ein Alpengletscher.

Mandelbrot hat an einem schönen Beispiel verdeutlicht, wie zerklüftet unsere Welt in Wirklichkeit ist. »Wie lang ist die Küste Großbritanniens?« fragte er sich. Eine einfache Frage, denken wir, schlagen einen Atlas auf und messen mit dem Lineal die Länge der Küstenlinie. Mit dem angegebenen Umrechnungsfaktor kommen wir schnell auf eine Kilometerzahl. Das Problem ist nun: Wenn wir eine Karte mit größerer Auflösung wählen, wird die Küstenlinie länger. Immer kleinere Buchten erscheinen, die wir zusätzlich ausmessen, diese Buchten haben aber natürlich wieder Vorsprünge und Einschnitte. Wir können das Spiel grundsätzlich beliebig weit treiben, zumindest bis zur Ebene der Atome. Mandelbrot kam also zu dem Ergebnis, daß alle Küsten unendlich lang seien.

Die Dimension der Küstenlinie zu bestimmen – oder eines anderen Fraktals – ist nicht allzu schwer. Es gibt verschiedene Verfahren, welche die Wissenschaftler je nach Situation anwenden. Im Gitter-Verfahren legen sie ein Netz über das Fraktal. Dann verkleinern sie die Maschenweite und zählen, wie viele Quadrate ein Stück der Figur beinhalten. Aus dem Verhältnis von Maschenweite und der Zahl der ausgefüllten Quadrate folgt dann die Dimension. Sehen wir uns zum Beispiel ein ausgefülltes Quadrat an: Wir malen ein Netz darüber, so daß das Quadrat genau eine Masche füllt. Jetzt halbieren wir die Maschenweite. Wie viele Felder liegen über dem Quadrat? Genau vier. Wenn wir die Maschenweite vierteln, so bedecken 16 Felder die Form. Offenbar haben wir eine quadratische Abhängigkeit. Jedesmal wenn wir die Länge eines Netzfadens halbieren, füllt unsere Figur viermal so viele Felder. Dies ist bei allen zweidimensionalen Gebilden der Fall.

### Der fraktale Attraktor

Kommen wir auf unsere Ausgangsfrage zurück, was Fraktale mit Chaos zu tun haben. Es gibt mehrere Berührungspunkte: Erstens ist der Attraktor, der die Bewegung eines chaotischen Systems beschreibt, selbst ein Fraktal. Wenn wir beispielsweise aus dem Lorenz-Attraktor ein Stück herausschneiden und genauer ansehen, erkennen wir in verschiedenen Größenordnungen immer wieder ähnliche Muster. Die Dimension ist ebenso gebrochen wie die der englischen Küste.

Außerdem erscheinen Fraktale, wenn ein System mehrere Attraktoren hat. Ein Beispiel dafür ist ein Würfel, der sich zwischen sechs Attraktoren entscheiden muß, ein anderes das Magnetpendel: Stellen wir uns eine Metallkugel vor, die an einem Faden hängt und über dem Boden hin- und herschwingen kann. Nun legen wir zwei oder drei Magneten auf den Boden. Früher oder später bleibt das Pendel durch die Anziehung über einem von ihnen hängen. An welchem Magneten es kleben bleibt, hängt davon ab, wo wir das Pendel loslassen. Startet es sehr nahe an einem Magneten, so kann es dessen Einflußbereich nicht entwischen und wird direkt angezogen. Lassen wir es hingegen in größerer Entfernung los, taumelt es erst einige Male über seine Attraktoren hinweg, ehe es eingefangen wird. Alle Startpunkte, von denen aus das Pendel bei einem Attraktor endet, nennt man sein Einzugsgebiet. Diese sind nun ebenfalls fraktal. Wenn wir die Einzugsgebiete der jeweiligen Magneten in verschiedenen Farben malen, erhalten wir ein gesprenkeltes Muster, in dem die Punkte unendlich nahe beieinanderliegen.

## Selbstordnung

Wie wir gesehen haben, wechseln sich in nichtlinearen Systemen chaotische Bereiche mit Inseln der Ordnung ab. So tauchen im Feigenbaum-Diagramm Fenster mit periodischen Lösungen auf, in denen das System plötzlich berechenbar wird. Auch in wilden Gebirgsbächen, geradezu Sinnbildern von Turbulenz und Chaos, geht nicht ein Wirbel in den anderen über. Vielmehr sind die Strudel immer wieder von Abschnitten unterbrochen, in denen das Wasser wirbelfrei fließt. Den Naturwissenschaftlern bereiteten solche Phänomene lange Zeit Kopfschmerzen, widersprachen sie doch offenbar dem zweiten Hauptsatz der Thermodynamik. Diese von dem deutschen Physiker Rudolf Clausius aufgestellte Regel besagt, daß die Unordnung im Universum ständig zunehmen muß.

Das klingt etwas abstrakt, stimmt aber mit unserer Alltagserfahrung recht gut überein. Denken wir zum Beispiel an eine Vase. Wie sie so auf unserem Tisch steht, ist sie zweifellos in einem geordneten Zustand: Würden wir ein Stück herausbrechen und an anderer Stelle ansetzen, käme sie uns garantiert unordentlicher vor. Nun fällt die Vase auf den Boden und zerspringt mit lautem Klirren in etliche Teile. Innerhalb einer Sekunde ist die Ordnung zerstört, an ihre Stelle tritt ein unregelmäßiges, willkürliches Scherbenmuster. Diesen Übergang von Ordnung zu Unordnung haben wir (leider) schon oft gesehen. Was noch niemand von uns beobachtet hat, außer vielleicht im Film, ist der umgekehrte Ablauf: Wir nehmen einige Scherben, werfen sie schwungvoll an die Wand und erhalten – Simsalabim – eine Vase, einen Bierkrug oder einen Porzellanelefanten. Soviel wir auch üben, es will nicht gelingen. Ein ähnliches Schicksal wie die Vase erleidet ein Tropfen Milch, der sich in unserem Kaffee auflöst – oder ein

Kartenspiel beim Mischen. Genau diese Effekte verallgemeinert der zweite Hauptsatz der Thermodynamik. Die Welt und jegliche Ordnung zerfällt, so könnte man ihn zusammenfassen. Alles geht mit der Zeit in einen ungeordneten Einheitsbrei über.

Und dann das! Wassermoleküle, die sich zu Milliarden in Strömungen ordnen, aufgeräumte Schreibtische – oder ganz einfach das Leben: Was auch immer man am Menschen bemängeln mag, er ist zweifellos ein geordnetes System – und erheblich komplexer als seine biologischen Ahnen. Die ganze Evolution scheint der Thermodynamik entgegenzulaufen und ständig kompliziertere Lebewesen zu schaffen.

Wenn eine Theorie nicht mehr mit der Wirklichkeit übereinstimmt, ist es Zeit für eine neue Theorie oder zumindest eine Erweiterung. In diesem Fall half der belgische Forscher Ilya Prigogine der Forschung aus dem Dilemma (und bekam dafür 1977 auch den Chemie-Nobelpreis). In seiner Theorie der »irreversiblen Thermodynamik« beschrieb er, daß der zweite Hauptsatz nur für abgeschlossene Systeme gilt. Abgeschlossen heißt, dem System wird keine Energie zugeführt und es tauscht auch keine Teilchen mit seiner Umgebung aus.

Unter dieser Voraussetzung verlieren unsere schönen Gegenbeispiele an Gewicht: Lebewesen nehmen ständig Energie über ihre Nahrung auf und sind somit »offene Systeme«. Geben sie sich abgeschlossen – zum Beispiel bei einem Hungerstreik – schlägt sofort der zweite Hauptsatz wieder zu und das Leben zerfällt. Wenn wir unseren Schreibtisch ordnen, verbrauchen wir Energie, und auch das Wasser im Bach gewinnt Energie, wenn es nach unten fließt.

Clausius hat immer noch recht, wenn wir das gesamte Weltall betrachten. Dort wächst die Unordnung. Allerdings nicht in jedem Untersystem. Die Situation ist vergleichbar mit unserer Müllentsorgung: Die Menschen in der Stadt produzieren ständig Abfall. Trotzdem sind die meisten Städte sauber, weil der Müll nach außen auf die Müllkippe gekarrt wird, wo man ihn nicht sieht. Ebenso können wir einen kleinen Bereich ordnen, wenn wir beispielsweise unser Zimmer aufräumen. Die Wärme, die unser Körper dabei abstrahlt, beschleunigt die Luftmoleküle zu immer regelloserer Bewegung. Insgesamt steigt also die Unordnung in unserem Universum – wir merken es nur angenehmerweise nicht.

Wir werden anhand einiger einfacher Beispiele sehen, daß bei den Selbstordnungsphänomenen oft die gleichen Mechanismen ablaufen. In Abhängigkeit von einer bestimmten Größe zeigen verschiedene »Teilchen« plötzlich kollektives, geordnetes Verhalten. Unter etwas anderen Umständen löst sich die Struktur wieder auf, und das Chaos regiert.

## Die Bénard-Konvektion

Eines der bekanntesten Selbstordnungsphänomene sind Gas- oder Flüssigkeitsströmungen. Wir kennen die sogenannte »Konvektion« aus dem Alltag: Unsere Suppe brodelt auf einer heißen Herdplatte; die Luft steigt im Sommer flimmernd über dem erhitzten Asphalt auf; wir kämpfen ständig beim Fahrradfahren mit dem Gegenwind, weil die Sonne am Äquator herunterbrennt, während sie die Pole ziemlich kalt läßt; sogar die Kontinentaldrift geht auf Strömungen flüssigen Gesteins im Erdinneren zurück, auf denen unsere Erdkruste treibt.

Ein Wissenschaftler, der den Effekt schon zu Beginn des Jahrhunderts untersuchte, war der Franzose Henri Bénard. Seine Versuchsanordnung ähnelte unserem Kochtopf auf der Herdplatte. Um die störenden Randeffekte zu verringern, erwärmte er allerdings nur eine dünne Flüssigkeitsschicht. Wie wir es vom Kochen her kennen, passierte zuerst gar nichts – die Oberfläche blieb ruhig. Bei einer bestimmten Temperaturdifferenz zwischen unten und oben änderte sich die Situation jedoch schlagartig: Plötzlich entstanden regelmäßige, sechseckige Zellen, die das gesamte Gefäß ausfüllten. Die erwärmte Flüssigkeit stieg immer an der gleichen Stelle auf, während die kältere obere Schicht an einer anderen Seite der Zelle nach unten sank. Als Bénard den Temperaturunterschied noch weiter steigerte, verschwanden die Muster wieder; die Flüssigkeit brodelte turbulent vor sich hin. Andere Experimente zeigten, daß sich die entstehenden Strukturen nach der Form des Gefäßes richten, je nachdem treten Sechsecke auf, runde Walzen, die Wurstringen ähnlich sehen, oder langgestreckte Rollen.

Wie kommt es nun zu der Konvektion? Betrachten wir einen kleinen Tropfen in der Flüssigkeit. Wenn wir sie nicht erwärmen, bleibt der Tropfen im wesentlichen an seinem Platz. Manchmal heben ihn die Stöße anderer Wassermoleküle etwas an oder drücken ihn nach unten, doch kommt er jedesmal wieder zur Ruhe. Sämtliche Teile des Wassers haben die gleiche Temperatur und die gleiche Dichte. Man sagt, die Flüssigkeit ist im Gleichgewicht.

Nun erwärmen wir das Wasser leicht von unten. Unser Tropfen bekommt dabei mehr Wärme ab als die darüber liegenden Wasserschichten. Er dehnt sich deshalb stärker aus, ja wird regelrecht aufgeblasen. Dadurch verringert sich aber seine Dichte. Er ist jetzt leichter als ein Tropfen der gleichen Größe über ihm. Wenn er zufällig ein kleines Stückchen nach oben verschoben wird, geht es ihm wie der Luftmatratze, die wir unter Wasser drücken wollen: Er erfährt in der dichteren Umgebung eine Kraft nach oben. Am liebsten würde er gleich aufsteigen und die unter ihm liegende Wassersäule mitziehen – wie die Cola in einem Trinkhalm, wenn wir daran saugen. Doch noch ist es nicht soweit. Der Tropfen wird durch die »Viskosität« – die innere Reibung der Flüssigkeit – festgehalten. Erst wenn wir die Temperatur weiter erhöhen, wird der Auftrieb schließlich groß genug, um die Fesseln abzustreifen. Der Tropfen schießt empor und zieht eine Wassersäule hinter sich her. Wie bei verzahnten Rädchen in einer Uhr setzt innerhalb von Augenblicken überall in der Zelle diese Bewegung ein.

Wissenschaftler sprechen häufig davon, daß bei der Bénard-Konvektion die Symmetrie gebrochen werde, gemeint ist damit folgendes: Eine Sekunde bevor die Strömung einsetzt, ist die Flüssigkeit noch in allen Richtungen gleich. Danach verschwindet die Symmetrie, und es wird eine Drehrichtung vorgegeben – wohlgemerkt, diese ist rein zufällig: Unser Tropfen kann sich nicht nur ein kleines Stück nach oben verschieben, er kann auch eine Zitterbewegung nach unten machen. In diesem Fall käme er in eine dünnere Umgebung statt in eine dichtere und würde weiter absinken, die Zellen entstünden wiederum, nur in umgekehrter Drehrichtung. Ein weiteres Beispiel für Symmetriebrechung ist etwa ein Bleistift, den wir auf die Spitze stellen. Wir wissen nicht, in welche Richtung er fallen wird, bis er sich »entscheidet«.

## Libchabers Rollen

Ein sehr wichtiges Bénard-Experiment fand fast achtzig Jahre später statt. Zu Beginn des Jahres 1979 fanden viele Naturwissenschaftler die Chaos-Forschung noch recht unbefriedigend. Sicher, es war plausibel, daß nichtlineare Systeme sehr empfindlich von den Anfangsbedingungen abhängen sollten. Der Begriff Chaos verbreitete sich langsam in der Forschergemeinde, und eine wachsende Zahl von Veröffentlichungen beschäftigte sich mit dem Thema. Allerdings hatte die Sache einen großen Haken: Die Theorie eilte den experimentellen Erkenntnissen noch weit voraus. Lorenz hatte sein Wetter mit dem Computer berechnet. Der Verdopplungsweg ins Chaos entsprang der logistischen Gleichung. Woher sollte man wissen, ob die schönen Formeln die Natur auch wirklich beschreiben? Die Lücke zwischen Theorie und Experiment verringerte der französische Physiker Albert Libchaber. Sein Konvektionsversuch ähnelt dem Urexperiment von Bénard, es war jedoch technisch viel aufwendiger, was zum einen aus der Größe folgte – Libchabers Strömungszelle war nicht größer als ein Stecknadelkopf. Er hatte ausgerechnet, daß darin genau zwei Konvektionsrollen Platz haben würden. Zum anderen beobachtete der Forscher nicht Wasser bei Zimmertemperatur, sondern wollte das Experiment bei möglichst tiefer Temperatur vornehmen. Dann schwirren die Flüssigkeitsteilchen kaum noch ungeordnet herum, so daß Störungen unterdrückt werden. Libchaber entschied sich für flüssiges Helium. Dieses siedet schon bei minus 269 Grad, also nahe dem absoluten Nullpunkt.

Als Libchaber mit einer fein eingestellten Heizung behutsam die Unterseite der Zelle erwärmte, zeigte sein Temperaturfühler an der Oberseite genau den gleichen Verlauf, wie im Bifurkationsszenario beschrieben: Erst blieb die Temperatur konstant, dann begann sie, periodisch zu schwanken; die Periode verdoppelte und vervierfachte sich, bis schließlich keine regelmäßige Schwingung mehr auftrat. Die Theoretiker hatten recht gehabt, die Natur verhielt sich wirklich wie berechnet. Den Verdopplungsweg ins Chaos gab es nicht nur auf dem Papier, sondern auch in Wirklichkeit.

## Die chemische Uhr

Der zweite Hauptsatz der Thermodynamik beeinflußte auch lange die Vorstellungen der Chemiker. Schüttete man verschiedene Reagenzien zusammen, so mußte die Reaktion einfach zunächst in eine Richtung verlaufen und sich dann schließlich ein Gleichgewicht einstellen – ähnlich, wie sich zuvor getrennte Gase wieder gleichmäßig mischen. Daß eine Reaktion erst eine Richtung einschlägt, dann spontan kehrtmacht und in die entgegengesetzte Richtung läuft, erschien den meisten unmöglich, erinnerte dies doch allzusehr an unsere Scherben, die sich selbständig wieder zusammensetzen sollten. Dementsprechend nahmen die Forscher auch von Zeit zu Zeit auftauchende Berichte von »chemischen Uhren« nicht ernst – Lösungen, deren Farbe periodisch hin und her springt. Man schob die Ergebnisse auf unerkannte Störungen von außen oder glaubte schlicht an Schwindelei.

Die Haltung änderte sich langsam, als 1958 der russische Chemiker Belousov eine leicht nachvollziehbare Reaktion angab: Mischte er Zitronensäure, Schwefelsäure, Kaliumbromat und ein Cer-Salz, schwankte die Farbe der Lösung in einem bestimmten Takt zwischen gelb und farblos hin und her. Ein paar Jahre später griff sein Landsmann Zhabotinsky das Experiment auf und wandelte dabei die Reaktion so ab, daß die Farbe von blau nach rot wechselte. In dieser Form ist sie heute als Belousov-Zhabotinsky-(BZ)-Reaktion bekannt. Inzwischen weiß man von einer ganzen Reihe solcher oszillierender Reaktionen. Zwar sind bei nur wenigen die einzelnen Reaktionsschritte bekannt, doch kennt man seit Prigogines irreversibler Thermodynamik die Bedingungen, unter denen die chemischen Uhren ticken können.

Wie schon erwähnt, tauchen Selbstorganisationsphänomene nur in offenen Systemen auf, die nicht im Gleichgewicht sind; bei Menschen etwa, die Nahrung zu sich nehmen oder Flüssigkeiten, die man erwärmt. Wie erreicht man diesen Zustand bei chemischen Reaktionen? Ein Weg ist, ständig Ausgangsstoffe in die Versuchskammer hineinzugeben, kräftig umzurühren und die Produkte zu entfernen. Wir können uns die Kammer als eine Stelle denken, an der zwei Bäche zusammenfließen. Ihre Wassermassen befinden sich nur kurz am selben Ort. Dann strömen sie weiter – je stärker das Gefälle, desto schneller. Die Wissenschaftler beobachteten, daß die Stärke des Stroms eine ähnliche Rolle spielt wie die zugeführte Wärme bei der Bénard-Konvektion. Wenn der Strom nur sehr spärlich fließt, ist das System praktisch abgeschlossen. Die Teilchen in der Lösung – nennen wir sie A und B – haben genügend Zeit, sich zu treffen und zu dem Produkt C zu verwandeln. Es stellt sich ein Gleichgewicht ein.

Drehen wir den Hahn jedoch weiter auf, erreicht unser System einen Verzweigungspunkt. Die Lösung hat plötzlich mehrere Möglichkeiten. So, wie sich die Strömungszellen in der erhitzten Flüssigkeit im oder gegen den Uhrzeigersinn drehen können, so kann die Lösung beispielsweise blau oder rot werden. Mehr noch: Das System springt zwischen beiden Zuständen hin und her. In einem festgelegten Takt sehen wir rot-blau-rotes Blinken. Wenn wir den Zustrom weiter erhöhen, tickt unsere Uhr immer schneller, bevor sie bei einem bestimmten Wert aus dem Takt kommt. Wie bei dem Übergang zur turbulenten Strömung herrscht dann das Chaos und die Farbtöne wechseln unregelmäßig.

## In der Schlange

Kommen wir zu interessanteren Themen – zu uns selbst. Auch wenn viele von uns sich gerne als selbstbestimmt ansehen und jede Ähnlichkeit mit Atomen und Molekülen strikt leugnen (Ich, ein Ha-Zwei-O? Unverschämtheit!), durchlaufen wir doch oft die gleichen Stadien, sobald wir mit anderen Menschen zusammentreffen. Denken wir zum Beispiel an unseren letzten Samstags-Einkaufsbummel: Wir haben den Langschläfer in uns niedergerungen und uns rechtzeitig aus den Federn gewälzt, um vor den Massen die Kaufhäuser zu erstürmen.

Noch vor neun Uhr laufen wir den leeren Bürgersteig entlang. Unser Tempo können wir gleichmäßig wählen. Nicht einmal rote Ampeln halten uns auf, schließlich fahren ja noch kaum Autos. Um halb zehn bevölkern deutlich mehr Fußgänger als zuvor die Gehwege. »Das geht ja noch«, denken wir, schlängeln uns an einer alten Dame vorbei, die vor uns hertippelt und weichen der lustigen Touristengruppe aus dem Ruhrgebiet aus, die ständig »Borussia« ruft. Wir kommen jetzt nicht mehr so schnell voran wie noch eine halbe Stunde zuvor und springen eher von einer Lücke zur anderen, als unseren Weg selbst zu wählen, aber noch ist unsere Bewegung nicht an die anderen Fußgänger gekoppelt. Vielleicht fühlen wir uns jetzt wie ein Wassermolekül in einem mäßig erwärmten Topf.

Schließlich zeigt unsere Uhr halb elf: noch mehr Menschen, die noch langsamer laufen. Wie vor kurzer Zeit versuchen wir zu überholen: Im »Windschatten« drücken wir uns an den Fußgänger vor uns heran, scheren dann aus, beschleunigen unseren Schritt – und können uns gerade noch zurück in die Spur drängen, ehe wir mit dem Gegenverkehr zusammenstoßen. »Das ist zu anstrengend«, denken wir und ordnen uns dem Kollektiv unter. Wie alle anderen laufen wir nun in der Schlange auf der rechten Gehwegseite – mit der gleichmäßigen Geschwindigkeit, die von der achtzigjährigen Dame hundert Meter vor uns vorgegeben wird. Links wälzt sich der Fußgängerstrom in Gegenrichtung.

Der theoretische Physiker Dirk Helbing von der Universität Stuttgart hat das Verhalten von Fußgängerströmen mit dem Computer simuliert, nach seinem Modell wirken auf uns soziale Kräfte, ähnlich wie Schwerkraft oder Magnetfelder auf Teilchen wirken. Eine Annahme ist zum Beispiel, daß sich fremde Menschen gegenseitig abstoßen.

Das klingt zunächst erschreckend. Allerdings kennen wir das Verhalten zum Beispiel aus der U-Bahn, wo jede Person ihre eigene Sitzgruppe wählt. Auch Fußgänger kommen sich selten näher als siebzig Zentimeter. Anziehend wirken hingegen – zumindest auf viele – Schaufenster oder Straßenkünstler und natürlich das Ziel des Fußgängers. Dieses steuert er so direkt wie möglich an. Als Helbing mit diesen Annahmen den Fußgängerstrom berechnete, tauchten bei einer bestimmten Menschendichte all die Selbstorganisationsphänomene auf, die wir auch kennen: die lästige (aber letztlich kräftesparende) Schlangenbildung oder das Einbahnstraßenprinzip an Türen, wo eine Fußgängerwoge mal in der einen Richtung durch die Öffnung schwappt, dann in der Gegenrichtung.

Was passiert nun, wenn sich noch mehr Menschen im Stadtzentrum drängeln? Dann setzt wiederum Chaos ein. Ähnlich wie bei einem Autostau bewegen sich die Schlangen im Stop-and-Go-Verfahren vorwärts. Kamen wir davor noch ziemlich regelmäßig voran, so hängt unsere Vorwärtsbewegung nun von allen möglichen Kleinigkeiten ab: Jede Litfaßsäule wird zum Hindernis. Wenn Leute vor einem Schaufenster stehenbleiben (manche haben ja die Ruhe weg) oder sich aus einem Kaufhaus kommend wieder in den Strom eingliedern, stockt sofort der Strom. Konnten wir bisher noch leidlich berechnen, wie lange wir für eine bestimmte Strecke brauchen, so wird dies jetzt zum Glücksspiel. Manchmal kann ein solches Gedränge sogar gefährlich werden, man denke an Paniken, die hin und wieder bei Großveranstaltungen wie Fußballspielen oder Musikkonzerten ausbrechen. Dann pflanzt sich eine Welle der Hysterie durch die Menschenmasse, obwohl fast niemand den Grund kennt. Regelmäßig werden so Menschen zu Tode getrampelt oder gedrückt, nur weil ein Witzbold einen Sylvesterkracher gezündet hat – oder ein paar Chaoten in eine Richtung drängen.

Geht es nach Helbing, könnten Geschäfte und Fußgängerzonen oft besser angelegt werden und den geplagten Einkäufern ein schnelleres Durchkommen ermöglichen. Der selbstorganisierte Bereich würde dann etwas größer und das Chaos etwas später einsetzen. Zum Beispiel könnten Bäume in der Mitte eines Fußwegs entgegenkommende Fußgängerströme trennen. Die Lust zu überholen, Entgegenkommende zu behindern – und somit einen Stau auszulösen –, würde sinken. Auch störende Elemente wie Litfaßsäulen könnten schon während der Planung am Computer erkannt und an anderer Stelle aufgestellt werden.

# Wir leben in einer chaotischen Welt

## Chaos in der Medizin – der gestörte Herzrhythmus

Aristoteles sah es als Zentrum des Geistes an (vom Gehirn gekühlt), wir eher als Sitz der Liebe: Unserem Herzen wird so manches angedichtet. Eines ist es jedoch mit Sicherheit, eine hervorragende Pumpe. Zuverlässiger als ein Uhrwerk zieht es sich in unserem Leben milliardenmal zusammen und preßt dabei ein paar tausend Schwimmbecken Blut durch die Adern. Dies alles, ohne auch nur einmal fünf Minuten auszusetzen, und bei einem Gewicht von wenigen hundert Gramm. Andererseits kann auch dieses Muster an Stabilität überraschend versagen: Etwa hunderttausend Menschen sterben jedes Jahr in Deutschland am »plötzlichen Herztod«. Dies sind über zehn Prozent aller Todesfälle hierzulande. Manche der Opfer sind herzkrank, andere (erschienen) hingegen völlig gesund.

Dem plötzlichen Herztod geht meist das »Kammerflimmern« voraus. Dies ist ein chaotischer Zustand, in dem die einzelnen Gebiete des Organs jegliche Koordination verlieren. Der regelmäßige Herzschlag geht dann in ein irreguläres Zucken über – analog einer glatten Strömung, die plötzlich turbulent wird. Mediziner, die ein flimmerndes Herz in den Händen hielten, verglichen es mit einem »Haufen sich windender Würmer«. Wissenschaftler haben gezeigt – teilweise in tödlichen Selbstversuchen –, daß schon kleine Reize das Kammerflimmern auslösen können, zum Beispiel ein schwacher Stromschlag in einem ungünstigen Augenblick. Welche Menschen jedoch im Alltag von einem Anfall gefährdet sind, war lange unbekannt.

## *Die Suche nach dem Boten*

Für die Ärzte war das natürlich eine unbefriedigende Situation. Sie wollten gefährdete Menschen erkennen, *bevor* das Flimmern eintritt, und mit einer geeigneten Therapie den Anfall verhindern. Sie suchten deshalb nach Merkmalen, die nur diese Personengruppe besitzt, gesunde Menschen jedoch nicht. Wo könnten solche Vorboten auftreten? Sollten die Mediziner im Blut nach verräterischen Stoffen fahnden – oder lieber Röntgenbilder auf unerwartete Flecke untersuchen?

Weil das Kammerflimmern eine drastische Veränderung des Herzrhythmus bedeutet, war es sicher plausibel, diesen einmal genau unter die Lupe zu nehmen. Dies tun in Deutschland zum Beispiel Forscher der I. Medizinischen Klinik der Technischen Universität München und des Max-Planck-Instituts für extraterrestrische Physik in Garching. Sie nehmen von Menschen über längere Zeit »Elektrokardiogramme« auf, sehen sich also an, wie stark und in welchem Takt das Herz etwa über 24 Stunden hinweg schlägt. Die Kardiogramme von gefährdeten Personen sollten irgendeine Besonderheit zeigen, so die Hoffnung der Forscher.

Die Idee ist nicht abwegig. Wir haben gesehen, daß chaotische Systeme eine Änderung in ihrem Zustand oft ankündigen. So blieb die Tierpopulation (nach logistischer Gleichung) bei niedriger Wachstumsrate konstant. Stieg die Zahl der Nachkommen an, so schwankte die Population nicht gleich chaotisch. Erst durchlief sie einen Bereich, in dem sie periodisch zwischen zwei Werten hin- und hersprang. Dann verdoppelte und vervierfachte sich die Periode, bis sie schließlich unendlich wurde. Und wir werden später sehen, daß Wissenschaftler sogar in den Börsenkursen auffällige Strukturen entdeckt haben, die einem Crash vorausgingen (leider haben sie die Strukturen erst nach dem Zusammenbruch entdeckt, aber da ist es auch einfacher).

Wie gehen die Wissenschaftler bei ihrer Suche nun vor? Zuerst zeichnen sie die Herzrhythmen vieler Versuchspersonen auf. Sie häufen regelrecht einen Berg von Kardiogrammen an. Diese unterteilen sie dann nach bestimmten Eigenschaften: Sie können beispielsweise nach schnell oder langsam schlagenden Herzen unterscheiden oder nach starren Rhythmen, die nur sehr wenig schwanken und flexiblen, die sich dauernd ändern. Wenn die Forscher ihre Untersuchungen abgeschlossen haben, warten sie – so makaber das klingt –, wie lange die untersuchten Menschen noch leben. Erleiden zum Beispiel viele Personen mit starrem Herzschlag den plötzlichen Herztod, dann könnte dies ein gesuchtes Merkmal sein.

Eine Besonderheit fiel schon recht bald auf: Fast alle Menschen, die einen plötzlichen Herztod starben, litten davor unter Herzrhythmusstörungen. Bei ihnen kam es manchmal vor, daß die Abstände zwischen den Herzschlägen dramatisch schwankten – in etwa so, als wenn ein Schlagzeuger für ein paar Sekunden mit doppelter Geschwindigkeit wirbelt.

War das schon der Durchbruch? So einfach ist es leider nicht. Das Herz kommt nämlich auch bei ungefährdeten Personen hin und wieder aus dem Takt, und auch die meisten Menschen mit Rhythmusstörungen leben noch viele Jahre. Dies war also nicht mehr als ein erster Anhaltspunkt, der weiter untersucht werden mußte. Ehe wir uns weitere Ergebnisse ansehen, wollen wir erst einmal betrachten, wodurch unser Herz überhaupt gestört werden kann.

## Wenn sich Pulse verirren

Der Taktgeber unseres Herzens ist ein kleiner Gewebeabschnitt nahe dem rechten oberen Rand des Organs. Der »Sinusknoten« sendet etwa siebzig bis achtzig elektrische Impulse pro Minute aus. Diese laufen in einer Welle über das

Herz und geben den Muskelfasern das Signal, sich zusammenzuziehen und das Blut aus den Kammern zu pumpen.

Der Schlagrhythmus variiert im Laufe eines Tages erheblich. Zum Glück. Wenn wir beispielsweise einen Kinderwagen die Treppe hochtragen, benötigt unser Körper natürlich mehr Sauerstoff als beim nächtlichen Schlummer. Dann schlagen Sensoren Alarm, die an verschiedenen Stellen im Körper den Druck oder die Ausdehnung mancher Gewebestücke messen, und das Herz pumpt dementsprechend schneller.

Allerdings gibt es eine obere Grenze: Nervenzellen, die einen elektrischen Impuls geleitet haben, sind danach für ein paar Zehntelsekunden arbeitsunfähig. Wir könnten sie mit Akkumulatoren vergleichen, die nach dem Einsatz erst wieder aufgeladen werden müssen. Ein in dieser Zeitspanne (Fachdeutsch: Refraktärzeit) gegebener Impuls verebbt wirkungslos. Auch wenn wir mit dem Fahrrad den steilsten Berg hinauftreten, steigt unser Puls nie höher als auf ungefähr zweihundert Schläge pro Minute.

Soweit zu den Grundlagen, allerdings läuft nicht immer alles so reibungslos ab. Manchmal ist das leitende Gewebe nämlich an einer Stelle geschädigt, es transportiert die elektrische Welle dann überhaupt nicht – oder aber langsamer. Es ergeht dem Puls so ähnlich wie einer Gruppe von Querfeldeinläufern, vor denen ein Waldstück auftaucht. Die Läufer haben verschiedene Möglichkeiten: Die meisten nehmen einen Umweg in Kauf und laufen um das Hindernis herum, das ist zwar etwas länger, aber sie verlieren nicht allzuviel Zeit. Einige Wagemutige hingegen wählen den direkten Weg zwischen den Bäumen hindurch – und verrechnen sich fürchterlich: Überall versperren umgestürzte Baumstämme die Pfade und lassen die Läufer im Zickzackkurs umherirren. Oder der tiefe Waldboden läßt die Athleten bei jedem Schritt einsinken. Orientierungslos und erschöpft verlassen sie das Gebiet eine halbe Stunde später. Von den anderen Wettkämpfern ist natürlich nichts mehr zu sehen.

Auch der Impuls dringt teilweise in das defekte Gewebe ein und tritt verzögert wieder hinaus. Wird er dort weitergeleitet? Das hängt von seiner Verspätung ab: Der andere Teil des Pulses ist schon um die Störung herumgelaufen und hat die Nervenleitungen außer Betrieb gesetzt – wir erinnern uns: für die Dauer der Refraktärzeit. Kommt die Welle also zu schnell wieder hervor, endet ihr Weg schlagartig.

Wenn sie hingegen nach der Refraktärzeit austritt, ist das Nervengewebe wieder aktiv. Der verzögerte Puls pflanzt sich wie gewöhnlich fort – und löst einen zusätzlichen Herzschlag aus! Mediziner sprechen von einer »Extrasystole«. Unter bestimmten Bedingungen entstehen sogar ganze »Salven« von außerplanmäßigen Schlägen. Etwa, wenn ein Teil der Welle wieder in das gestörte Gebiet hineinflutet, mit Verzögerung wieder hinausschwappt, die nächste Extrasystole auslöst und so weiter.

### Was Keulen und Wolken verraten

Kommen wir nun zu den Wissenschaftlern zurück, die das Risiko für den plötzlichen Herztod abschätzen wollen. Sie hatten festgestellt, daß Herzschläge außerhalb des normalen Taktes eine größere Gefahr anzeigen. Die Erkenntnis war jedoch noch recht vage: Manche Patienten mit Rhythmusstörungen starben schnell, andere hatten noch ein langes Leben vor sich.

Einen Fortschritt brachten die Methoden der Chaos-Forschung. Wir haben gesehen, daß Forscher das Verhalten nichtlinearer Systeme oft im Phasenraum betrachten. Warum sollte man das nicht auch einmal mit dem Herzen probieren? Es könnte ja sein, daß sich dabei Aspekte zeigen, die auf normalen Kardiogrammen nicht sichtbar werden.

Wie sieht nun ein geeignetes Phasenraum-Diagramm für die Untersuchung eines Herzens aus? Welche Merkmale sollten daraus deutlich werden? Nun, ein wichtiger Punkt bei den Herzrhythmen ist offensichtlich, wie sich der Abstand zwischen den einzelnen Schlägen ändert. Besonders bei Extrasystolen wechselt der Takt dramatisch. In dem Diagramm sollte diese Größe also leicht abzulesen sein.

Die Münchner Forscher wählten einen dreidimensionalen Raum und trugen auf den Achsen die Zeitabstände zwischen zwei aufeinanderfolgenden Schlägen ein: Auf der x-Achse steht etwa der Abstand zwischen Schlag eins und zwei, auf der y-Achse zwischen Schlag zwei und drei und auf der z-Achse die Zeitspanne zwischen drei und vier.

Was sagt uns ein Punkt in diesem Diagramm? Er gibt uns drei Zeitabstände an. Wenn die Abstände identisch sind, das Herz also gleichmäßig schlägt, liegt der Punkt auf der Diagonalen. Schwankt der Rhythmus hingegen, so liegen die Punkte von dieser Geraden entfernt – und zwar um so weiter, je dramatischer der Sprung ist.

Die Wissenschaftler konnten den normalen Herzschlag jetzt auf den ersten Blick von den Störungen unterscheiden: Gibt der Sinusknoten den Takt vor (wie es sein sollte), dann liegen die Punkte nahe an der Diagonalen. Zwar ändert sich auch bei gesunden Menschen die Schlagfrequenz, jedoch nur langsam: Wenn wir auf unser Fahrrad steigen, schnellt der Puls nicht augenblicklich in die Höhe. Er braucht dazu Minuten. Im Phasenraum-Diagramm wandern die Punkte entlang der Diagonalen vom Ursprung weg. Das gesunde Herz hinterläßt eine langgestreckte Keule – es paßt seinen Rhythmus flexibel der Belastung an, jedoch ohne plötzliche Sprünge.

Deutlich von der Keule getrennt erscheinen im Schaubild die Extrasystolen: Sie umgeben die Diagonale wie einen Punktnebel. Nun konnten die Mediziner viele Informationen auf den ersten Blick ablesen: Etwa, ob der normale Herz-

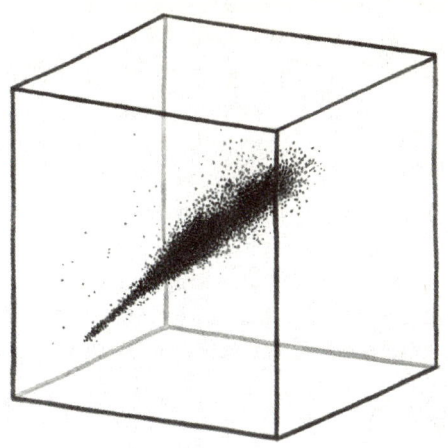

Gesundes Herz (klare, geschlossene Keulenform)

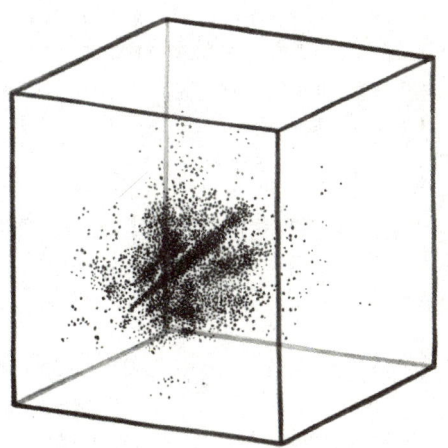

Krankes Herz (diffuse Verteilung)

Messungen des Herzrhythmus im Phasenraum: Die Punkte geben die Abstände zwischen den Herzschlägen an.

schlag sehr starr ist – die Keule ist dann klein – oder flexibel (die Keule ist groß), ob ein Herz oft gestört wird, dann besteht die Wolke aus vielen Punkten, oder nur selten. Überdies lassen sich verschiedene Nebelformen unterscheiden, zum Beispiel massive, in welchen sich die Punkte an einigen Stellen konzentrieren, und diffuse Nebel, in denen die Punkte gleichmäßig über ein Gebiet verstreut sind.

In den letzten Jahren gelang es den Forschern aus München anhand einer Reihe von Studien immer besser, verschiedenen Diagrammen Risiken zuzuordnen. Die Wahrscheinlichkeit für einen Anfall scheint vor allem von zwei Faktoren abzuhängen. Erstens: Sie ist um so größer, je kleiner der Keulenbereich ist. Dann schlägt das Herz starr und kann sich nicht an unterschiedliche Belastungen anpassen.

Die zweite wichtige Größe ist das Aussehen des umliegenden Nebels. Dieser zeigt nicht immer ein hohes Risiko an. Als gefährlich erwiesen sich jedoch diffuse Nebel. In diesen Fällen sind nicht nur die Herzrhythmen unregelmäßig, sondern auch die Störungen selbst. Die Extrasystolen treten nicht nur einzeln auf, sondern reihen sich oft zu Salven aneinander. Die Leitung des elektrischen Impulses im Herzen ist bei Personen mit diesen Phasenraum-Diagrammen sehr instabil. Dementsprechend steigt das Risiko, daß die Koordination völlig verloren geht und das Kammerflimmern beginnt.


## Chaos im Großen: das Sonnensystem


Schon der Chaos-Pionier Poincaré erkannte vor etwa hundert Jahren, daß winzige Änderungen in den Anfangsbedingungen vielleicht auch unser Sonnensystem instabil machen. Um das Problem genauer zu untersuchen, fehlten ihm jedoch die heutigen Riesenteleskope sowie Computer, die den gewalti-

## Der Komplexitätsparameter

Wissenschaftler geben sich natürlich nicht damit zufrieden, die Verteilung der Punkte im Phasenraum als *neblig* oder *diffus* zu beschreiben, sie möchten eine Zahl, aus der man das Herztodrisiko direkt ablesen kann. Die Physiker am Max-Planck-Institut in Garching haben eine solche Größe vorgeschlagen, den *Komplexitätsparameter*. Die Forscher gehen wie folgt vor: Sie zählen für jeden Punkt, wie viele andere Punkte innerhalb eines Abstands r um ihn herumliegen. Die Anzahl der Punkte tragen sie in einem Schaubild auf. Sie erhalten eine steigende Kurve. Diese kann man durch eine Potenzfunktion des Abstands annähern: Zahl der Punkte

$$N(r) = a \times r^\alpha$$

mit Konstante a. $\alpha$ heißt Skalierungsindex. Ein großes $\alpha$ sagt aus, daß die anderen Punkte im Mittel weit entfernt sind, der Punkt also ziemlich allein im Phasenraum steht.

Die Wissenschaftler betrachten dann, welches $\alpha$ für die Punkte aus dem normalen Schlagbereich des Herzens (in der *Keule*) am häufigsten auftritt. Viele kleine $\alpha$'s heißen: Der Rhythmus verändert sich kaum, das Herz schlägt starr. Ein starrer Herzschlag ist aber ungesund. Je kleiner also die $\alpha$'s in der Keule im Mittel sind, desto höher liegt das Sterberisiko. Für den Nebel ist es umgekehrt: Liegen seine Punkte weit voneinander entfernt, ist dies gefährlich. Je größer die $\alpha$'s, desto schlimmer.

Der Patient ist am meisten in Gefahr bei einer Kombination von kleinen Skalierungsindizes in der Keule und großen im umliegenden Nebel, also bei einer großen Differenz zwischen den $\alpha$'s. Diese Differenz gibt der Komplexitätsparameter $\Delta\alpha$ an:

$$\Delta\alpha = \alpha_{Nebel} - \alpha_{Keule}$$

gen Rechenaufwand bewältigen können. Aber wie steht es heute damit? Wissen wir, ob unser Sonnensystem eine Insel der Stabilität ist oder sehen wir um uns herum wilde Strudel, die auch die Erde in die Tiefen des Alls zu schleudern drohen?

Das Problem für die Forscher und das Beruhigende für uns Erdbewohner liegt darin, daß die Vorgänge im Weltall im Zeitlupentempo ablaufen. Die meisten Körper sind viele Millionen Kilometer voneinander entfernt und ziehen sich nur schwach an. Die äußeren Planeten brauchen mehr als zehn Jahre, um einmal die Sonne zu umkreisen. Pluto benötigt für eine Runde gar 250 Jahre. Folglich treten auch Veränderungen nur in großen Zeiträumen auf. Wir können halbwegs sicher sein, unser Leben noch im normalen Abstand zur Sonne fristen zu dürfen – das ist doch schon mal was. Andererseits können die Forscher chaotische Bewegungen der Himmelskörper meist nicht beobachten. Sie können nur berechnen, wie sich die Bahn dieses oder jenes Trabanten in den nächsten hunderttausend oder Millionen Jahren verformen wird.

Solche Computersimulationen hat der amerikanische Forscher Jack Wisdom vom Massachusetts Institute of Technology vorgenommen. Er kam zu dem Ergebnis, daß die Bahnen der äußeren Planeten – Jupiter bis Pluto – zumindest in den nächsten 845 Millionen Jahren stabil bleiben. Anders sieht es für die inneren Planeten Merkur, Venus, Erde und Mars aus. Der französische Physiker Jacques Laskar berechnete 1989, daß sämtliche Bahnen chaotisch sind. Eine Abweichung des Ortes der Erde von nur wenigen Metern – das ist viel genauer als wir heute messen können – sorgt in hundert Millionen Jahren für einen Unterschied von etlichen Millionen Kilometern. Die Erdbahn erscheint im Moment also ebensowenig vorhersehbar wie das Wetter des nächsten Jahres.

### Der torkelnde Hyperion

Gut, die Erde verhält sich also (angeblich) chaotisch, davon merken wir aber nichts, weil wir nur achtzig Jahre leben. Doch es gibt auch Chaos im Sonnensystem, das wir direkt beobachten können. Als die Raumsonde Voyager Anfang der achtziger Jahre Bilder von den äußeren Planeten zur Erde funkte, fiel den Astronomen die komische Kreiselbewegung eines der Saturnmonde auf. Hyperion, so sein Name, dreht sich nicht mit gleichmäßiger Geschwindigkeit, schon gar nicht zeigt er seinem Muttergestirn immer die gleiche Seite, so wie wir das von unserem Mond kennen. Statt dessen taumelt er wie betrunken auf seiner Bahn – mal rotiert er schneller, dann stoppt seine Drehung plötzlich ab. Auch seine Drehachse ist nicht fest ausgerichtet, sondern schwankt wie die eines Kreisels. Eine Ursache für Hyperions Torkeln erkennen wir schon auf einen flüchtigen Blick: Größere Himmelskörper wie die Planeten oder auch unser Mond haben unter dem Einfluß der eigenen Schwerkraft eine fast kugelförmige Gestalt angenommen. Wir beobachten die Tendenz auch auf unserer Erde. Wind und Flüsse transportieren Stoffe immer nach unten und ebnen mit der Zeit auch den höchsten Berg ein. Nur weil sie sich dreht und ständig Teile der Erdkruste aufeinanderprallen, weicht die Form leicht von der eines Balls ab. Bei kleinen Monden reicht die Schwerkraft jedoch nicht. Sie sehen oft aus wie überdimensionale Gesteinsbrocken – oder im Falle von Hyperion wie ein dickes Buch mit den Ausmaßen 200 × 150 × 110 Kilometer.

Es läßt sich nun zeigen, daß runde Monde durch ihre Planeten nicht in Drehung versetzt werden. Man kann sich vorstellen, daß die Schwerkraft des Planeten an allen Seiten des Mondes gleich stark zieht, ähnlich wie bei einer ausgewogenen Balkenwaage heben sich die Einflüsse auf. Bei unregelmäßigen Körpern reißt das Zentralgestirn hingegen an einer der Seiten stärker, es beschleunigt oder verlangsamt deshalb dauernd die Drehung. Hinzu kommt, daß die Bahn des Hyperion nicht kreisfömig ist, sondern elliptisch. Mal ist er weiter vom Saturn entfernt, dann nähert er sich wieder an. Dadurch verändern sich die Kräfte während eines Umlaufes ständig.

Doch auch Hyperion muß nicht bis in alle Zukunft herumtaumeln. Wir haben bei der logistischen Gleichung gesehen, daß Tierpopulationen nur bei bestimmten Wachstumsraten chaotisch schwanken. Analog rotieren Monde nur bei bestimmten Energien chaotisch. Deshalb schlingern auch andere unregelmäßige Begleiter nicht – sie drehen sich einfach zu schnell oder zu langsam. Hyperions Energie liegt im Moment im chaotischen Bereich, sie nimmt aber wie bei allen Monden ständig ab. Der Grund sind die Gezeiten. Betrachten wir den Einfluß auf die Erde: Weil der Mond an der »Vorderseite« unseres Planeten stärker zieht als an der »Rückseite«, entstehen Ebbe und Flut. Die Wassermassen strömen zum Mond hin und – in entgegengesetzter Richtung – von ihm weg. Dabei reiben die Wasserteilchen aneinander sowie auch am Erdboden und verbrauchen so Energie. Die Rotation wird gebremst, die Erde dreht sich immer langsamer. Genauso bei den Monden. Ihre Energie wird nach und nach von der Gezeitenreibung aufgebraucht, den Endzustand sehen wir bei unserem Begleiter: Schließlich wenden sie ihrem Planeten immer die gleiche Seite zu. Erst dann verschwinden Ebbe und Flut und somit auch die Reibung.

### Verschwundene Asteroiden

Einen weiteren Hinweis auf Chaos liefern die Asteroiden in unserem Sonnensystem. Tausende dieser Gesteinsbrocken tummeln sich allein in dem weiten Bereich zwischen Mars und Jupiter. Wie Miniplaneten umkreisen sie die Sonne mit

Umlaufzeiten zwischen zwei und zwölf Jahren, je weiter außen, desto langsamer. Ihre Verteilung ist allerdings merkwürdig: Schon der amerikanische Astronom Daniel Kirkwood erkannte im letzten Jahrhundert Lücken im Asteroidengürtel, Abschnitte, die wie leergefegt schienen. Dabei waren fast alle Himmelskörper verschwunden, deren Umlaufzeit in einem ganzzahligen Verhältnis zur Umlaufdauer des Jupiters stand – die also halb so lange brauchten, um die Sonne zu umkreisen, oder nur ein Drittel der Zeit, zwei Fünftel oder drei Siebtel.

Daß ausgerechnet der Jupiter für das Schicksal der Asteroiden so wichtig ist und nicht der Mars, können wir leicht verstehen. Schließlich ist Jupiter der größte Planet im Sonnensystem. Er wiegt etwa zweitausendmal so viel wie der Mars und zieht dementsprechend die Asteroiden auch stärker an.

Stellen wir uns einmal vor, was mit einem Körper passiert, der genau halb so lange wie Jupiter um die Sonne braucht, also sechs Jahre. Weil fast alle Umlaufbahnen praktisch in einer Ebene liegen, werden sich unser Asteroid und Jupiter zu irgendeinem Zeitpunkt ziemlich nahe kommen. Nicht wirklich nahe, aber auf vielleicht zweihundert Millionen Kilometer. Da Jupiter so schwer ist, spürt der Asteroid noch deutlich den Einfluß. Er wird ein kleines Stück nach außen gezogen. Dann verabschiedet er sich erst einmal, froh, der Anziehung des Riesen entkommen zu sein.

Nach sechs Jahren erreicht er die gleiche Stelle wieder. Jupiter hinkt hinterher und hat zu diesem Zeitpunkt erst einen halben Umlauf geschafft. Er ist über eine Milliarde Kilometer entfernt und sein Einfluß verschwindend gering. Doch nun verringert sich die Distanz. Nach weiteren sechs Jahren hat der Asteroid Jupiter eingeholt. An derselben Stelle wie das letzte Mal wird er von der Sonne weggezerrt. Der gleiche Vorgang spielt sich alle zwölf Jahre ab. Man sagt, beide Umläufe sind in Resonanz.

Resonanz kennen wir aus dem Alltag. Manchmal nutzen wir sie ganz automatisch: Bei einer Kinderschaukel warten wir immer genau eine Schwingung ab und geben dem Kleinen dann einen Schubs auf den Rücken. Wir wissen, daß die Schaukel die Energie in diesem Rhythmus am besten aufnimmt. Auf dem gleichen Prinzip basiert auch die Mikrowelle, sie sendet Strahlung aus, die in dem Takt schwingt, in dem auch die Wassermoleküle in unserem Essen rotieren. Das Hühnchen wird mit minimalem Energieverbrauch warm — während der Teller kalt bleibt. Seine Teilchen schwingen mit der falschen Frequenz. Resonanz kann aber auch zerstören. Wir erinnern uns an die Katastrophenfilme von Hängebrücken, die fast bis in die Waagrechte hin und her schaukeln. Ähnlich ergeht es auch unserem Gesteinsbrocken: Das resonante Zupfen von Jupiter verzerrt seine Bahn immer mehr, bis sie schließlich nicht mehr kreisförmig ist, sondern elliptisch.

Ist dies der ganze Grund für die Lücken? Wir haben es uns bei unserer Überlegung schon etwas einfach gemacht. Zum Beispiel haben wir die anderen Planeten vernachlässigt, weil deren Schwerkraft geringer ist. Auch wird der Asteroid stärker oder schwächer angezogen, sobald sich seine Bahn verändert. Wie wir wissen, können bei chaotischen Systemen jedoch auch kleine Einflüsse eine Rolle spielen. Ganz hieb- und stichfest ist die Argumentation also nicht. Das sehen wir auch an einer Ansammlung von Asteroiden — mit dem netten Namen »Hilda-Gruppe« —, die zwei Drittel der Umlaufzeit des Jupiters benötigen. Gerade Körper mit dieser Periode sollten aber ihre Bahn verlassen haben.

Licht in das Problem brachte wieder eine Simulation von Jack Wisdom. Er ließ seinen Computer die Bahn eines Asteroiden berechnen, der dreimal so schnell um die Sonne läuft wie Jupiter. An dieser Stelle ist heute eine Lücke. Die Berechnung zeigte, daß die Form der Asteroidenbahn ( die »Exzentrizität«) unregelmäßig schwankt. Über Hunderttausende von Jahren bleibt sie annähernd stabil und kreisförmig, dann bricht der Asteroid plötzlich aus und beschreibt eine längliche Ellipse. Nach relativ kurzer Zeit kehrt er wieder auf seine alte Bahn zurück.

Warum aber die Lücke, wenn die Körper nur kurzfristig ausscheren? Die Antwort liefern wahrscheinlich die Meteoritenkrater, welche die Planeten übersäen. Sie sind auf der Erde nur noch vereinzelt zu finden, weil die Einschlagtrichter schnell verwittern und überwuchert werden, Himmelskörper mit einer geringeren Atmosphäre wie Mond oder Mars zeigen jedoch eine regelrechte Kraterlandschaft. Nach Wisdoms Programm können die Meteoriten aus der Lücke stammen. In ihrer elliptischen Phase kreuzen sie die Bahnen von Mars und Erde. Selbst wenn es zu keinem Zusammenstoß kommt: Bei einer Annäherung könnten die Asteroiden durch die Anziehung der Planeten aus ihrer Bahn geschleudert werden.


## Ärgerliche Wirbel


Wenn in unserem Alltag von Chaos die Rede ist, dann immer mit negativem Beigeschmack: »Chaos-Tage« verheißen nicht nur ein paar ungekämmte Jugendliche, sondern auch viele eingeschlagene Fensterscheiben. Wenn wir den Begriff wissenschaftlich verwenden und unsere bisherigen Beispiele ansehen, fällt es schon schwerer, Chaos als positiv oder negativ einzustufen. Ob der Asteroidengürtel jenseits des Mars Lücken aufweist, beeinflußt unser Leben ziemlich wenig (solange uns nicht gerade ein Asteroid auf den Kopf fällt). Allerdings: Es gibt auch wirklich störendes Chaos, das wir manchmal gern aus unserem Leben verbannen würden. Ein Beispiel hierfür ist die Turbulenz.

Als der englische Physiker Reynolds vor etwa hundert Jahren strömendes Wasser in einem Rohr untersuchte, beobachtete er eine dramatische Verwandlung. Bei einer bestimmten Geschwindigkeit schlug der wirbellose – »laminare« – Fluß in eine unregelmäßige, turbulente Strömung um. Reynolds stellte fest, daß dieser Übergang bei jeder Strömung auftreten kann und nur von wenigen Größen abhängt: außer von der Geschwindigkeit des Mediums noch davon, wie dicht und zäh es ist, sowie von der Leitung – etwa der Form und dem Durchmesser des Rohres. Aus diesen Faktoren kann man die »Reynoldszahl« berechnen, sie ähnelt der Temperaturdifferenz bei der Bénard-Konvektion oder der Wachstumsrate in der logistischen Gleichung. Sie waren die Parameter, die bestimmten, ob sich ein System geordnet oder chaotisch verhält, analog sagt uns die »kritische Reynoldszahl«, wann eine laminare Strömung turbulent wird. So nahe die Zustände beieinanderliegen, so sehr unterscheiden sie sich. Mit glatten Strömungen kommen wir ganz gut zurecht, wir können sie berechnen und ihre Risiken abschätzen. Ganz anders die Turbulenz: Wild und unberechenbar scheint sie hauptsächlich schlechte Eigenschaften zu besitzen. Ein großer Nachteil für uns Menschen ist ihre Widerspenstigkeit. Wo Strömungen verwirbeln, steigt der Widerstand sofort an, dies gilt für das Blut in unseren Adern ebenso wie für Erdgas in einer Pipeline. Ein Teil der Energie wird dann in Wärme umgewandelt, die meist nicht gebraucht und somit verschwendet wird.

Den Einfluß von Wirbeln auf unseren Geldbeutel (und auf die Umweltverschmutzung) sehen wir auch bei den Verkehrsmitteln, zum Beispiel bei unserem Liebling, dem Auto: Wir mögen uns ärgern, daß sich die Heckpartien sämtlicher Vehikel gleichen wie ein Ei dem anderen – und wir einen VW kaum mehr von einem Alfa Romeo unterscheiden können. Diese Form spart jedoch Benzin, weil der Luftstrom am Heck »sanfter« abreißt als bei alten Modellen.

Oder wir betrachten den Luftverkehr: Weltweit steigt die Zahl der Flüge jedes Jahr an, dementsprechend blasen die Flugzeuge riesige Mengen von Treibstoff in die empfindliche Atmosphäre – viel mehr, als eigentlich zum Fliegen nötig wäre, denn bei heutigen Passagiermaschinen wirbelt die Luft zum großen Teil chaotisch um die Flügel und treibt somit den Spritverbrauch in die Höhe. Flugzeugkonstrukteure tüfteln deshalb eifrig daran, die Turbulenz so weit wie möglich zurückzudrängen.

Ehe wir das Geheimnis um die neuesten Waffen gegen das Chaos lüften, sollten wir jedoch erst einmal über andere interessante Fragen nachdenken: Warum fliegen Flugzeuge überhaupt? und: Wie gewinne ich beim Tennis?

## *Was Flugzeuge in der Luft hält*

Solange man Tennis konsequent nur vom Fernsehsessel aus betreibt, erscheint es als ziemlich einfaches Spiel. Bei Vor- wie Rückhand reißen die Profis den Schläger nach oben, wodurch der Ball einen starken Vorwärtsdrall erhält. »Warum wechseln die nicht öfter ab?« fragen wir uns und übersehen den entscheidenden Vorteil dieser Bälle: Sie segeln viel seltener ins Aus, sondern senken sich, wie von einem Magneten angezogen, innerhalb der gegnerischen Linien ins Feld. »Effet« ist auch bei anderen Sportarten im Spiel: Im Tischtennis werden Bälle »geschnitten«. Und wer erinnert sich nicht an die kunstvoll gezirkelten Freistöße brasilianischer Ballartisten bei der letzten Fußballweltmeisterschaft?

Unsere Sportler und – kommen wir zum Thema zurück – auch die Flugzeuge nutzen einen Effekt, den schon der Schweizer Wissenschaftler Daniel Bernoulli vor über zweihundert Jahren beschrieben hat. Bernoulli fiel auf, daß der Druck einer Strömung um so geringer ist, je schneller sie fließt. Strömt Wasser also träge in einem Leitungsrohr, so

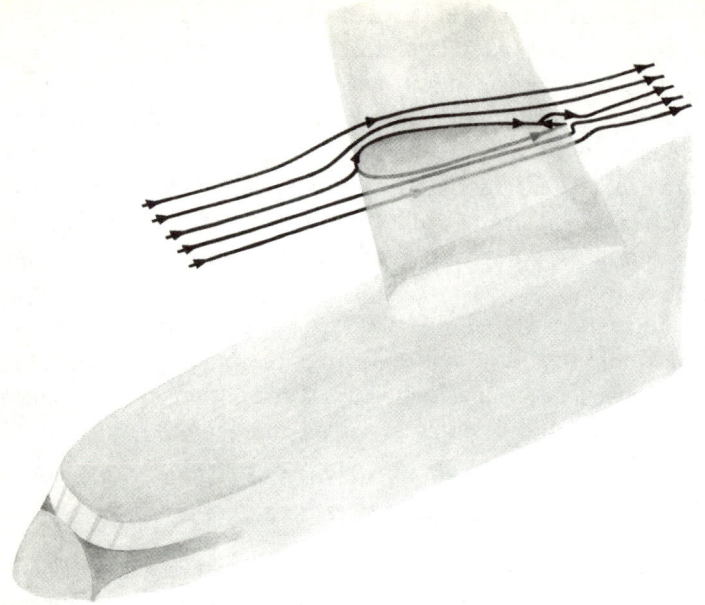

Dieses Schema zeigt das Verhalten der Luftströmung an einem Flugzeugflügel.

drückt es stark gegen die Wände, fließt es schnell, ist der
Druck hingegen nur gering. Flugzeugflügel sind nun derart
geformt, daß sie mehr Luft über die Tragflächen leiten als darunter hindurch – die Strömung oberhalb des Fliegers wird
stärker und schneller. Dadurch entsteht ein Unterdruck, der
das Flugzeug nach oben zieht, so ähnlich, wie wenn wir unsere Cola durch ein Röhrchen saugen. Tennisspieler und Fuß-
baller profitieren zwar nicht von der Form ihres Balles, die ist
annähernd symmetrisch, die rotierende Oberfläche bewirkt
jedoch das gleiche: Sie lenkt die Luftmoleküle an einer Seite
der Kugel vorbei, bei Tennisbällen meist an der Unterseite.

Wie entsteht aber die lästige Turbulenz? An der Flügelvorderkante ist die Lage noch unproblematisch. Die Luft

strömt ungehemmt und laminar. Dann werden die Moleküle in der Nähe der Oberfläche jedoch durch die Reibung zusehends gebremst. Eine Schicht energiearmer Gasteilchen hüllt das Flugzeug ein – ähnlich einem Umhang, der immer weiter absteht. Je weiter die Luft am Flügel entlangströmt, desto instabiler wird der glatte Strom oder physikalisch ausgedrückt: Die Reynoldszahl der Strömung wächst auf ihren kritischen Wert zu.

Am »Umschlagpunkt« bricht der stabile Zustand schließlich zusammen. Die bisher sanft aneinander vorbeigleitenden Luftschichten verwirbeln, was den Widerstand sofort erhöht. Die Wirbel wirken in etwa wie Koffer, die wir auf dem Dach unseres Autos festschnallen. Sie stehen weit in den Luftstrom hinein und vergrößern so die Angriffsfläche des Flugzeuges. Außerdem führen sie sehr schnelle Luftteilchen an die Tragflächen. Diese reiben dort stärker als ein laminarer Luftstrom, bei dem die Geschwindigkeit der Teilchen stetig zunimmt, je weiter sie vom Flügel entfernt sind.

### Wie man das Chaos verschiebt

Herkömmliche Passagierflugzeuge machen es der Turbulenz ziemlich leicht. Das Chaos regiert schon weit in der vorderen Flügelhälfte. Entsprechend viel ließe sich verbessern. Der Strömungsexperte Uwe Dallmann vom Deutschen Zentrum für Luft- und Raumfahrt (DLR) in Göttingen schätzt, daß sich der Widerstand um fünfzehn bis zwanzig Prozent verringern ließe, wenn die Flugzeugbauer die Strömung auf der vorderen Flügelhälfte laminar halten könnten. Die Wissenschaftler erproben im Moment mehrere Ansätze, die sich allerdings noch in einem frühen Stadium befinden.

Besonders im Visier haben die Forscher die energiearme Luftschicht direkt an der Oberfläche. Wie wir gesehen haben, bereitet diese den Übergang zur Turbulenz vor, sie muß also beseitigt werden. Nur wie? Eine Möglichkeit ist, man macht ihr Beine, verwandelt die langsame Schicht also in eine schnelle. Die Ingenieure versuchen das, indem sie durch einen Schlitz in der Tragfläche einen schnellen Luftstrahl erzeugen, dieser beschleunigt die trägen Schichten – die Bedingungen ähneln wieder jenen an der Flügelvorderkante.

Den umgekehrten Weg untersuchen zum Beispiel Wissenschaftler das DLR in Braunschweig: Sie saugen die Grenzschicht durch eine »perforierte« Oberfläche ab: Die Tragflächen sind übersät mit einem Netz winziger Löcher, deren Durchmesser nur Tausendstel Millimeter betragen und die mit Laser eingebrannt werden. Im Inneren des Flügels erzeugen Pumpen den gewünschten Unterdruck und steuern somit den Luftstrom. Ist die langsame Schicht verschwunden, kann die schnelle Luftströmung wieder näher an den Flügel rücken. Allerdings schaffen die Poren auch Probleme, die Löcher können beispielsweise zu Dreckfängern werden. Auch ist noch nicht sicher, wie sie bei Regen oder Eis die Flugeigenschaften beeinflussen.

Doch nicht nur träge Luftschichten begünstigen die Turbulenz, auch Störungen können sie entfachen: eine rauhe Oberfläche etwa, abgestrahlte Hitze oder Schallwellen. Viele Faktoren greifen den laminaren Luftfluß an, sie erzeugen an der Oberfläche Wellen, die sich aufschaukeln und frühzeitig den Übergang ins Chaos erzwingen. Könnte man die Wellen auslöschen, bliebe die Strömung laminar. Die Wissenschaftler in Göttingen versuchen dies, indem sie mit einem Mikrophon »gegenphasige« Schallwellen erzeugen. Im günstigsten Fall löschen diese die Störwellen aus.

Aber nicht nur Menschen haben Strategien gegen die Turbulenz entwickelt, Tiere haben sich ebenfalls auf sie eingestellt – manchmal so gut, daß auch Flugzeugkonstrukteure davon lernen können.

## Flipper und die Haie

In der Entwicklungsgeschichte des Menschen haben turbulente Strömungen bisher kaum eine Rolle gespielt. Er wagte sich nur selten ins Wasser, kam – plump wie er war – gar nicht in die Luft, und an Land läuft er so langsam, daß ihn Luftbewegungen kaum beeinträchtigen. Phänomene wie Wirbel wurden für ihn erst mit den technischen Anwendungen bedeutend: als er sich mit Schiffen auf das Meer hinauswagte und mit Flugzeugen den Luftraum eroberte.

Viele Tiere kämpfen hingegen schon seit Millionen Jahren mit den Strömungen. Fischen kann ein geringer Reibungswiderstand in der Evolution einen Vorteil sichern, wenn sie dadurch schneller schwimmen und gefräßigen Feinden entwischen. Ebenso Vögel und Insekten, die sich an Wirbel inzwischen angepaßt haben sollten wie wir an kleine Unebenheiten auf der Straße. Gehen Schlupfwespen mit dem Chaos geschickter um als unsere Ingenieure? Können wir von den Haien die Flugzeugkonzepte des nächsten Jahrtausends übernehmen? »Bionik« heißt der junge Zweig der Wissenschaft, der sich mit solchen Fragen beschäftigt. In ihm versuchen Wissenschaftler, mit Konzepten aus der Natur technische Probleme zu lösen.

Ein faszinierendes Forschungsobjekt der Bioniker ist der Delphin. Wir wissen aus verschiedenen Tiersendungen, daß er nicht nur süß aussieht und ein goldenes Herz hat, sondern daß er auch extrem schnell schwimmen kann. Mit bis zu vierzig Stundenkilometern schießt er durch das zähe Element, und ist damit ebenso flott wie die schnellsten Menschen an Land. Geheimnisvoll wurde die Sache, als der Tierforscher Gray 1936 ausrechnete, daß Delphine gar nicht genug Kraft haben können, um diese hohe Geschwindigkeit zu erreichen (der Widerspruch wurde nach ihm »Gray's Paradoxon« genannt).

Sein Kollege Max Kramer stellte 25 Jahre später eine mögliche Lösung des Rätsels vor: Die Haut des Säugetiers stabilisiere die Strömung in seiner Umgebung. Diese wirble daher nicht turbulent, wie eigentlich bei der Geschwindigkeit zu erwarten, sondern fließe laminar, und der Widerstand werde so auf ein Minimum herabgesetzt. Flipper würde also die gleiche Taktik verwenden wie die Flugzeugingenieure heute. Theoretische Rechnungen bestätigten später diese Idee – bewiesen ist sie allerdings bis heute noch nicht.

Der große böse Gegenspieler des Delphins (zumindest in den Flipper-Filmen) kann das Wasser um sich herum nicht glätten, Haie haben eine andere Überlebensstrategie entwickelt: Ihre Haut hat sich im Laufe der Zeit so geformt, daß sie auch in turbulenter Umgebung gut zurechtkommen.

Der Trick: Die Oberfläche des Raubfischs ist nicht glatt wie ein Flugzeugflügel, sondern gerippt. Kleine Wälle kanalisieren und zähmen die wilden Strudel auf der Haut, diese können nur noch in einer Richtung reiben, jedoch nicht mehr senkrecht dazu. Der Bionik-Forscher Dietrich Bechert vom DLR in Berlin hat an Modellen gemessen, daß der Widerstand dadurch immerhin um einige Prozent sinkt.

Würde eine Haifisch-Verkleidung auch bei Flugzeugen Treibstoff einsparen? Fest steht: Auch wenn die Wissenschaftler die Luft an den Flügeln weitgehend glatt halten können, umströmt sie den größten Teil – etwa den Rumpf – immer noch chaotisch. Eine aufgeklebte Fischfolie könnte andere Maßnahmen also zumindest ergänzen. Bechert hat ausgerechnet, daß sie zum Beispiel den Spritverbrauch eines Airbus um drei Prozent senken würde.

Das klingt zuerst ziemlich bescheiden. Allerdings ist ein Langstreckenflieger kein Golf Diesel, sondern er pustet pro Flug bis zu achtzig Tonnen (!) Kerosin in die Atmosphäre. Eine Ersparnis von drei Prozent entspräche also immerhin 2,4 Tonnen Treibstoff. Würde der Sprit gespart, könnten zusätz-

# Des Pinguins luftige Kleider

Zu den erheiternden Sequenzen in Filmen über Pinguine gehören jene, in denen sie schwungvoll aus dem nassen Element hüpfen. Mit hoher Geschwindigkeit durchstoßen sie die Wasseroberfläche und landen mit den Füßen voraus auf der nächsten Eisscholle. Bioniker vermuten, daß den Vögeln bei dem Kunststück ein ausgefallener Trick hilft: Sie verringern vor dem Sprung ihre Reibung, indem sie im Gefieder gespeicherte Luftbläschen abstoßen.

Die Tiere umgehen damit die unter Strömungsforschern als *no-slip condition* bekannte Randbedingung, die besagt, daß die angrenzenden Gas- oder Luftschichten durch Reibung an der Oberfläche abgebremst werden und sich mit der gleichen Geschwindigkeit bewegen wie der umströmte Körper selbst. Wenn wir beispielsweise mit der Hand über eine Wasseroberfläche streichen, führt unsere Haut eine dünne Schicht haftender Moleküle mit sich.

Wie Wissenschaftler berechnet haben, läßt sich die Reibung verringern, falls die Oberfläche nicht fest an den Körper gebunden ist, sondern an diesem entlanggleitet. Die Teilchen der Grenzschicht werden dann nicht auf die Geschwindigkeit des Körpers abgebremst, sondern – geringer – auf das Tempo der Oberfläche. Die *no-slip condition* wird somit außer Kraft gesetzt.

Pinguine legen sich diese bewegliche Hülle zu. Sie speichern an Land Luftblasen in ihrem Gefieder. Vor dem Sprung auf das Eis, wenn sie eine besonders hohe Geschwindigkeit benötigen, schlüpfen sie aus der zweiten Haut. Sie stoßen Luftringe ab, die – vermutlich wegen der Form des Vogels – stabil entlang ihres Körper nach hinten gleiten. Derart *ausgepumpt* hüpfen sie schließlich an Land.

lich rund fünfzehn Passagiere samt Gepäck mitfliegen. Nach Becherts Schätzung stiege der Gewinn pro Flugzeug dadurch um mehr als eine Million Mark pro Jahr.

### Die gefesselte Motte

Nachdem wir die Turbulenz bisher als Feind jeglicher Fortbewegung gegeißelt haben, weil sie den Widerstand erhöht, nun noch ein Beispiel zu ihrer Ehrenrettung, denn manche Tiere sind auf das Chaos sogar angewiesen. Ein für Wissenschaftler bis heute mysteriöses Phänomen ist der Insektenflug. Wenn für sie der gleiche Auftriebsmechanismus gelten würde wie für Flugzeuge, fielen sie wie Steine zu Boden. Sie wären einfach zu schwer. Die Forscher haben deshalb eine Reihe exotischer Theorien aufgestellt, die zumindest bei manchen Insekten erklären, warum sie in der Luft bleiben. Die Wespenart *Encarsia* zum Beispiel schlägt ihre Flügel über dem Körper zusammen. Bei dem folgenden Auseinanderreißen entsteht ein ausreichender Unterdruck, der die Wespe nach oben zieht.

Das Geheimnis des Tabakschwärmers lüftete der Zoologe Charles Ellington von der Universität Cambridge – was für den Schwärmer allerdings zu einer ziemlichen Tortur wurde: Um die Strömung an den Flügeln zu beobachten, band der Forscher ihn im Windkanal an einer Stange fest. So konnte das Kerbtier zwar mit den Flügeln schlagen, sich aber nicht aus dem Staub machen. Ellingtons Fotografien des gefesselten Insekts zeigten große, kegelförmige Wirbel an der Vorderkante der Flügel, die erstaunlich stabil waren und zu den Spitzen hindrifteten. Diese wirken in etwa wie ein runder Aufsatz auf einer Tragfläche und vergrößern den Unterdruck. Natürlich steigt der Widerstand bei dieser Art der Fortbewegung an, doch der Schwärmer setzt eben andere Prioritäten als Menschen oder Haie – er tauscht ein bißchen Geschwindigkeit gegen mehr Auftrieb ein. Ellington und seine Kollegen haben ausgerechnet, daß der Falter mit diesem Mechanismus sogar fliegen könnte, wenn er noch fünfzig Prozent schwerer wäre. Doch nicht nur Insekten nutzen die Wirbelerzeugung. Sie hat immer dann Vorteile, wenn bei geringer Fahrt noch genug Unterdruck erzeugt werden soll, um nicht abzustürzen. Das ist insbesondere bei der Landung der Fall. Vögel stellen deshalb beim Anflug die Federn auf und die Flügel extrem steil gegen den Wind, bei Flugzeugen können Klappen, die bei der Landung aufgerichtet werden, den Effekt hervorrufen.

## Chaotisches Wetter – die harterkämpfte Vorhersage

Das Grummeln verheißt nichts Gutes. Eben schwebte noch strahlend blauer Himmel über uns, nun ballen sich dunkle Gewitterwolken aus dem Nichts zusammen. Wir befinden uns auf einer Fahrradtour mitten im Grünen – und natürlich kilometerweit vom nächsten Unterschlupf entfernt. Entschlossen treten wir in die Pedale, um dem nahenden Unglück zu entkommen, doch vergebens. Ein paar Minuten später erwischt uns der Platzregen. »Davon hat der Meteorologe gestern im Fernsehen nichts gesagt«, entschuldigen wir uns bei den Freunden, die wir in letzter Minute zum Mitkommen überredet hatten (und die jetzt etwas säuerlich aussehen). Und wieder einmal ziehen wir den Schluß, daß die Wettervorhersage doch der Wahrsagerei ziemlich nahekommt.

Wetter ist ein Paradebeispiel für Chaos. Schon 1963 zeigte der Chaospionier Edward Lorenz an einem primitiven Modell, wie schnell kleine Unterschiede in den Anfangsbedingungen in unserer Atmosphäre anwachsen können. An dem Problem hat sich bis heute nichts geändert. Tippt der For-

scher beispielsweise einen geringfügig falschen Temperaturwert in seinen Computer ein – was in gewisser Weise immer
der Fall ist –, wird dessen Prognose über kurz oder lang falsch,
unter ungünstigen Bedingungen schon in weniger als einem
Tag.

Immerhin: Die Vorhersage wird langsam besser. Der Meteorologe Horst Malberg von der Freien Universität Berlin
bewertet seit 1971 die Ein- und Zweitagesprognosen für die
Metropole. Auf einer Skala von null bis hundert Prozentpunkten kletterte die Güte in diesem Zeitraum von 84 auf 87
Prozent. Dies heißt nicht, daß die Wissenschaftler an 87 Prozent der Tage völlig richtig liegen, vielmehr ist der durchschnittliche Fehler in den Vorhersagen etwas kleiner geworden – vielleicht liegt die prophezeite Temperatur im Mittel
nur noch um drei Grad daneben, statt wie vor 25 Jahren um
vier Grad. Wollte man die Prozente in Schulnoten übersetzen,
könnte man den Forschern eine Verbesserung von »zwei minus« auf »zwei« bescheinigen. Wie hart das Geschäft mit den
Temperaturen und Windgeschwindigkeiten ist, sehen wir
auch, wenn wir einfach konstante Bedingungen annehmen.
Für die Aussage »Morgen wird das Wetter wie heute« errechnet Malberg immer noch 78 Prozentpunkte. Wenn wir davon
ausgehen, daß auch schon unsere Urahnen in vorwissenschaftlichen Zeiten zu solchen Annahmen fähig waren, hat
die gesamte Wetterforschung also einen Fortschritt von neun
Prozent gebracht.

Die verschiedenen Komponenten der Vorhersage sind unterschiedlich widerspenstig: Die zuverlässigste Größe ist die
Windrichtung. Bei ihr liegen die Meteorologen mit den Prognosen etwa zwölf Tage lang besser, als wenn sie einfach einen
langjährigen Mittelwert annähmen. Tückisch bleiben hingegen die Niederschläge, Nebel oder auch die Windstärke. Dort
könnten die Wetterforscher nach ungefähr fünf Tagen anfangen zu raten, bei längerfristigen Berechnungen sinkt die Tref

ferquote oft auf Zufallsniveau. Eine Rolle spielt auch die Jahreszeit. Es ist kein Zufall, daß uns gerade Sommergewitter als Beispiele für schlechte Vorhersagen im Gedächtnis bleiben, denn in dieser Jahreszeit bilden sich Wolken sehr schnell und oft nur sehr kleinräumig. Manchmal beobachten wir, wie in geringer Entfernung einer der Wasserspeicher die Schleusen öffnet, während wir im strahlenden Sonnenschein stehen. Ein Unterschied von einigen hundert Metern entscheidet dann über Sonnenbrand oder Erkältung. Im Herbst hingegen rückt das Schmuddelwetter meist mit Kaltfronten vor – also langsam und auf breiter Linie. Dieses Szenario bekommen die Computer weitaus besser in den Griff. Ein ähnlicher Fall sind die Temperaturen im Frühling. Sie schwanken stärker als in anderen Jahreszeiten, je nachdem, ob gerade eine Wolke den Sonnenstrahlen den Weg zur Oberfläche versperrt oder nicht.

### Was Bénard mit dem Wetter zu tun hat

Warum ist das Wetter nun so chaotisch? Teilweise können wir das schon verstehen, wenn wir auf das ursprüngliche Modell von Lorenz zurückkommen. Dieser ließ seine Luftmassen nämlich genau jene kreisförmige Bewegung ausführen, die auch bei der Bénard-Konvektion auftritt. Und diese Strömung wird eben unter bestimmten Bedingungen chaotisch.

Natürlich erscheint uns das sehr einfach, doch waren Lorenz' Annahmen nicht aus der Luft gegriffen. Sehen wir uns einmal die Einflüsse in unserer Atmosphäre an. Die Sonne spielt offensichtlich eine ähnliche Rolle wie die heiße Herdplatte, sie erwärmt die unteren Luftschichten, die sich dadurch ausdehnen und aufsteigen. Im Gegensatz zu den Laborexperimenten heizt sie allerdings nicht gleichmäßig. Der Äquator bekommt viel Sonne ab, die Pole wegen des schrägen Einfallswinkels nur sehr wenig. Die Luftmassen fließen deshalb nicht zufällig in eine Richtung, vielmehr bilden sich relativ stabile Hoch- und Tiefdruckrinnen aus. Von den Gebieten hohen Drucks – etwa der subtropischen Hochdruckrinne – strömt die Luft dann zu den Regionen mit niedrigem Druck, zum Beispiel zum Äquator. Bis hierher bekommen wir somit fast perfekte Konvektionsrollen.

Natürlich ist das wirkliche Wetter komplizierter als die Bénard-Konvektion und das Modell unseres Chaos-Vorreiters Lorenz. So werden die Luftmassen zusätzlich durch die Erddrehung abgelenkt – auf der Nordhalbkugel nach rechts, auf der Südhalbkugel nach links. Die verantwortliche »Corioliskraft« bestimmt, wie die Luft etwa zu Tiefdruckgebieten hinströmt, oder wie sich die wichtigen Hochdruckwirbel drehen. Der Einfluß soll sich sogar schon zeigen, wenn wir aus der Badewanne das Wasser ablassen. In Berlin oder München strudelt es angeblich immer im Uhrzeigersinn, in Buenos Aires oder Melbourne in entgegengesetzter Richtung.

Außerdem gleichen sich Druckunterschiede nicht nur großräumig aus; auch regional entstehen Strömungen, weil sich die Luft zum Beispiel über einer Stadt stärker erwärmt als über Waldgebieten. Schließlich beeinflussen Wolken und Niederschläge den Wärmehaushalt, behindern Gebirge den Wind und tauschen die Ozeane mit den darüber liegenden Luftschichten Wärme aus. Ein perfektes Wettermodell sollte alle diese Faktoren einbeziehen. Die Meteorologen stehen vor einem Gestrüpp aus Gleichungen, »und alle Abhängigkeiten sind nichtlinear«, sagt der Theoretiker Hans-Joachim Lange, Kollege von Malberg an der Freien Universität Berlin. Im Wetter steckt das Chaos in jedem Detail.

## Wie Prognosen verbessert werden

Die Situation ist also schwierig – hoffnungslos ist sie nicht. Die Wissenschaftler sehen noch verschiedene Möglichkeiten, mit denen sich nicht nur die kurzfristigen, sondern auch die mittelfristigen Vorhersagen verbessern lassen. Diese reichen heute vier bis zehn Tage in die Zukunft.

Ein Hauptproblem ist immer noch das lückenhafte Meßnetz. Das klingt überraschend, wenn wir einen Blick auf die reinen Zahlen werfen, die Meteorologen des Deutschen Wetterdienstes (beziehungsweise ihre Computer) können sich bei ihren Vorhersagen schließlich auf wahre Datenberge stützen: Etwa zehntausend feste Meßstationen sammeln rund um die Erde und im Stundentakt Temperaturen, Windgeschwindigkeiten und Niederschläge. Auf den Meeren dümpeln fast tausend Bojen im Dienste der Wissenschaft, weitere Hilfe kommt von einer Armada datensammelnder Schiffe, oberhalb des Erdbodens von Flugzeugen und Wetterballons. Und wo gerade kein Thermo- oder Barometer hängt, ergänzen Aufnahmen von Radarstationen das Wettermosaik. Wichtige Fernerkunder sind insbesondere die Wettersatelliten. So sendet »Meteosat« aus 36 000 Kilometern Höhe jede halbe Stunde Fotos von Europa, Afrika und dem Atlantik. Außer der Bewölkung mißt er zum Beispiel auch die Temperaturen an der Meeresoberfläche.

Doch das Netz hat noch große Lücken – vor allem auf dem Meer: Siebzig Prozent der Oberfläche sind wasserbedeckt, doch liefern schwimmende Stationen weit weniger Daten als landgestützte, außerdem fließen die Informationen unregelmäßig. Schiffe durchpflügen die Ozeane meist entlang bestimmter Routen, in der Zeit zwischen zwei Schiffen finden an einer Stelle keine Messungen statt – wie auch in Gebieten, die abseits der Hauptlinien liegen. Auch Satelliten geraten hier oft an ihre Grenzen: Wie Menschen können sie etwa Wolken nicht durchschauen, überdies ist die räumliche Auflösung der Messungen noch relativ schlecht, doch künftige Meteosat-Generationen sollen dieses Manko verringern. Spielraum gibt es auch bei den Computermodellen. Zwar lassen sich die Rechner des Deutschen Wetterdienstes schon lange nicht mehr mit Lorenz' knatterndem »Royal McBee« vergleichen. Die Arbeit verrichtet in Offenbach ein CRAY T3E – eine hochgezüchtete Rechenmaschine, die eine Billion Operationen pro Sekunde bewältigt, doch ist auch ihr Ergebnis noch sehr grob. Der Computer liefert bei weitem keine flächendeckenden Temperatur- und Windprognosen, Werte spuckt er lediglich für ein dreidimensionales Gitter von Punkten aus, die heute noch zweihundert Kilometer weit voneinander entfernt sind. Was in den Zwischenräumen vor sich geht, fällt bei der Rechnung unter den Tisch. In Zukunft soll die Maschenweite in den Modellen verringert werden. Vorgesehen ist beispielsweise ein »Lokal-Modell« für Deutschland, in dem die Punkte in nur drei Kilometern Abstand liegen.

Eine Möglichkeit, künftige Wettervorhersagen zu präzisieren, liegt auch darin, sie mit Wahrscheinlichkeiten zu versehen. Dieser Typus ist schon recht verbreitet, wenn Regen oder Schnee angekündigt werden. Wenn vor unserem Fenster sintflutartige Schauer niedergehen, verkündet die Stimme im Radio dann meist: »Die Regenwahrscheinlichkeit beträgt bis zum Abend 85 Prozent.« Bei Sonnenschein sackt der Prozentsatz schon einmal unter die Zwanzig-Punkte-Grenze.

Wie kommen die Wissenschaftler zu diesen Zahlen? Ist die Idee überhaupt sinnvoll? Nun, zumindest berücksichtigt sie das chaotische Verhalten des Wetters. Wir wissen ja, daß kleine Meßfehler die ganze Prognose über den Haufen werfen können – bei instabilen Wetterlagen sogar in weniger als einem Tag. Diese Fehler schlummern aber natürlich in jedem Meßwert. Was die Experten nun tun: Sie fragen sich, wie ihr Modell auf kleine Fehler in den Anfangsbedingungen reagieren würde. Wenn das Thermometer also fünfzehn Grad anzeigt, füttern sie ihren Computer nicht nur mit diesem Wert, er könnte ja falsch sein. Statt dessen geben sie auch leicht abweichende Temperaturen ein – beispielsweise 15,05 und 14,95 Grad.

Der Rechner gibt dann ein ganzes Bündel von Wettervorhersagen heraus, für jede Anfangsbedingung eine. Daraus können die Forscher ablesen, wie stabil die Entwicklung ist. Falls es in allen Szenarien regnet, werden sie eine hohe Regenwahrscheinlichkeit angeben, gießt es nur in der Hälfte der Fälle, bevorzugen sie eine »wolkig-bis-regnerisch«-Aussage mit geringerer Prozentzahl. Zum Vergleich: Der Fünfzehn-Grad-Wert allein hätte immer zu hundert Prozent Niederschlag oder Trockenheit geführt.

Wir haben schon gehört, daß es für chaotische Systeme eine Grenze gibt, über die hinaus ihr Verhalten nicht mehr berechnet werden kann. Bei den Planeten, die scheinbar träge ihre Bahnen entlangkriechen, liegt sie bei etlichen tausend Jahren – für uns Menschen mit bescheidenen achtzig Jahren Lebenserwartung ein unendlich erscheinender Zeitraum. Am anderen Ende der Skala stehen zum Beispiel die Luftmoleküle. Ihre Zitterbewegung mit Abermillionen von Zusammenstößen in jeder Sekunde können wir gar nicht vorhersagen – schon allein deshalb, weil die Rechnungen viel langsamer ablaufen als die Realität. Wo liegt die Grenze beim Wetter? Schaffen die Supercomputer mit verfeinerten Modellen in der Zukunft auch eine Monatsprognose?

Die Wetterexperten selbst werden immer skeptischer: »Neue Schätzungen gehen dahin, daß die theoretische Vorhersagegrenze eher bei zwei als bei vier Wochen liegt«, sagt Hans-Joachim Lange. Jenseits der Zwei-Wochen-Barriere werden quantenmechanische Effekte bestimmend: Die Heisenbergsche Unschärferelation versperrt den Blick auf die genauen Anfangsbedingungen, die Atome verschwimmen geisterhaft bei scharfem Hinsehen, so daß auch die bestmögliche Messung einen Fehler aufweist. Die winzige Unsicherheit erreicht nach ein paar Wochen makroskopische Ausmaße. Der Zerfall von Atomkernen bringt noch einen weiteren Hauch von Roulette ins Spiel. Welches Atom sich verwandelt, läßt sich auch prinzipiell nicht vorhersagen, sein Schicksal wird jede Sekunde von neuem »ausgewürfelt«. Ob es aber zerfällt – und die umgebenden Moleküle dabei anschubst –, kann wiederum den Unterschied zwischen Regen oder Sonnenschein ausmachen.

Sind zweiwöchige Prognosen also der Weisheit letzter Schluß, ein von der Natur gezogener, undurchdringlicher Vorhang? Wir erinnern uns an Einsteins Relativitätstheorie: Nichts bewegt sich schneller als das Licht, haben wir schon in der Schule gelernt. Nun, ein paar Jahre später, können wir täglich in der Zeitung lesen von überlichtschnellen Beethoven-Symphonien und gebeamten Photonen. Und die armen Physiker haben alle Hände voll zu tun, um zu erklären, warum Einstein immer noch recht hat – nur eben gerade in diesen Fällen nicht. Auch bei chaotischen Systemen wagen Forscher immer wieder langfristige Vorhersagen, obwohl sie damit eigentlich keinen Erfolg haben dürften. In den nächsten Kapiteln werden wir uns noch Beispiele aus der Erdbebenforschung und von der Börse ansehen, besonders eifrig aber sind und bleiben die Meteorologen.

### Die Langzeitvorhersage

»Wenn der Hahn kräht auf dem Mist, ändert sich's Wetter, oder es bleibt wie es ist.« Bauernregeln – wir wissen nicht so recht, wie ernst wir sie nehmen sollen, ein bißchen erinnern sie uns an Horoskope: Sie erscheinen uns nicht gerade wissenschaftlich, aber die eine oder andere der Wetterprophetien haben wir doch im Hinterkopf, vor allem, weil manche durchaus konkrete Aussagen machen. Etwa: »Warmer Oktober bringt fürwahr einen kalten Januar.«

Eine Dreimonatsvorhersage! Wissen die Bauern denn nicht, daß man das Wetter höchstens zwei Wochen lang berechnen kann?

Wahrscheinlich hatten sie davon in der Tat keine Ahnung, sie waren aber auch nicht darauf angewiesen. Die Erfinder der Merkregeln haben ihre Prognosen nach einer ganz anderen Methode erstellt. Sie stützten sich auf langjährige Erfahrung, hochtrabender könnte man sagen: auf Statistiken.

Wo liegt genau der Unterschied? Ein Computer berechnet die Prognose für das morgige Wetter streng nach Regeln, die ihm die Wissenschaftler eingetrichtert haben. Aus einer gemessenen Druckverteilung folgen bestimmte Windrichtungen und -stärken, die sich auf definierte Weise auf die Temperaturen auswirken und so fort. Der Zustand der Atmosphäre zu einem Zeitpunkt ist mit den Bedingungen zu allen anderen Zeiten verknüpft.

Bauernregeln kümmern sich nicht um Zwischenschritte oder Ursachen. Wir können uns vorstellen, daß unsere ländlichen Vorfahren die warmen Oktober gezählt haben, vielleicht zehn in zwanzig Jahren. Folgten diesen dann sieben kalte Januarmonate, stellten sie eine Regel auf. So kann aus der Temperatur im Oktober eine Prognose für den Januar folgen, ohne den November oder Dezember zu berücksichtigen.

Diese Methode verfolgen nun auch einige Meteorologen, um langfristige Vorhersagen zu erstellen. In unserem Zeitalter der Vernetzung können sie auf ungleich mehr Daten zurückgreifen als ihre bauernschlauen Vorgänger. So vergleichen sie beispielsweise die Temperaturen in Mitteleuropa mit dem Luftdruck über dem Nordatlantik – oder die Witterung in Kalifornien mit der Windgeschwindigkeit in Australien. Mit statistischen Verfahren läßt sich dann überprüfen, ob zwei Größen mehr als zufällig zusammenhängen. Horst Malberg glaubt etwa, daß der Luftdruck über Island die Temperaturen in Deutschland ein paar Monate später bestimmt.

Die so erstellten Prognosen können noch nicht mit den Voraussagen konkurrieren, die wir uns jeden Abend in der Tagesschau anhören können. Sie beschränken sich auf eher vage

Aussagen – zum Beispiel, daß der Dezember durchschnittlich warm wird oder der Januar kälter als im langjährigen Mittel. Malberg ist trotzdem zufrieden: Immerhin könne man das Wetter schon deutlich besser vorhersagen als mit einer zufälligen Schätzung.

In den kommenden Jahren werden wir unseren Urlaub also noch nicht nach dem Wetterbericht planen können, aber so anspruchsvoll sind wir ja gar nicht. Wenn wir zuverlässig vor dem nächsten Schauer gewarnt würden, wäre das Leben auch schon ein bißchen angenehmer.

## Die Börse – Warnung vor dem Crash?

Der Sommer 1997 wurde für die Länder Südostasiens zu einem einzigen Alptraum. Über Jahre hinweg hatte ihre Wirtschaft hohe Wachstumsraten verzeichnet, nun brachen in den Tigerstaaten innerhalb von Wochen Währungen und Börsenkurse zusammen. Für Malaysias Premier Mahathir war der Schuldige schnell ausgemacht: Der amerikanische Spekulant George Soros. Dieser »Kriminelle« habe Malaysia bestrafen wollen, weil es Beziehungen zu dem diktatorischen Regime in Burma unterhielt. Indem Soros asiatische Währungen auf den Markt warf, habe er die verhängnisvolle Kettenreaktion ausgelöst.

Auch wenn Mahathirs Sicht der Dinge einseitig sein mag, ist die Geschichte doch charakteristisch für das Börsengeschehen: Jeden Tag werden auf den Devisenmärkten der Erde mehr als eine Billion Dollar umgesetzt. Und es genügt manchmal ein einziger Spekulant, um eine Währung zu ruinieren – die Börse ist ein hochgradig chaotisches System. Zwar spielen handfeste Daten wie Zinssätze oder das Wirtschaftswachstum für den Wert der Mark oder des thailändischen Baht eine Rolle, sie reichen jedoch bei weitem nicht aus, um das tägliche Auf und Ab zu erklären. Nicht kühler Analyse habe er seinen Erfolg zu verdanken, verrät etwa Soros, sondern »tierischen Instinkten«. »Ängste, Gier und andere Emotionen« bestimmten das Börsengeschehen, all diese Faktoren wechselwirkten miteinander, wobei das Geflecht nicht annähernd durchschaut sei. Sie vertrauten auf eine »Fundamentalanalyse«, erklären denn auch viele Bankiers, auf Deutsch heißt das: Sie werfen einen Blick auf die verschiedenen Daten und entscheiden dann (mehr oder minder) aus dem Bauch. Mit wechselhaftem Erfolg.

Wir haben gesehen, daß sich chaotische Bereiche oft für eine gewisse Zeit überschauen lassen, weil sie festgelegten Gesetzen folgen. So ist eine Wettervorhersage manchmal eine Woche lang richtig – trotz unzähliger Moleküle, die sich gegenseitig beeinflussen. Bei den Kursen für Franken und Rupie sind die Forscher bei weitem noch nicht so erfolgreich, doch auch hier gibt es erste Versuche, Regelmäßigkeiten im Chaos zu entdecken.

### Mandelbrots Erben

Schon vor ein paar Jahrzehnten hatte ein kühner Mathematiker das Börsengeschehen unter die Lupe genommen. Als Benoit Mandelbrot die Entwicklung derBaumwollpreise seit dem Jahr 1900 verfolgte, entdeckte er, daß sich bestimmte Strukturen in verschiedenen Zeiträumen ähnelten: Die Preisschwankungen im täglichen Verlauf glichen denen über Monate hinweg. Mit diesen Erkenntnissen den schnellen Dollar zu machen, kam ihm – soweit überliefert – allerdings nicht in den Sinn.

Richard Olsen schon eher. Der Schweizer Mathematiker und Ökonom sammelt seit 1985 alle nur erhältlichen Wechselkurse, bis zu 18 000 Notierungen speist er täglich in seine

Datenbank ein, inzwischen die größte der Welt. Drei Dutzend Physiker und Computerexperten arbeiten in seiner Firma daran, aus dem Informationsberg Formeln zu destillieren, welche die Börsenentwicklung beschreiben. Wie Mandelbrot erkennt auch Olsen eine verblüffende Selbstähnlichkeit in den Kursverläufen. Dank seiner Datenmenge findet er die verräterischen Strukturen sogar noch auf der Minutenskala.

Bei so viel Ordnung glaubt Olsen denn auch, daß nicht so sehr der Zufall oder plötzliche Gefühlsschwankungen die Kaufentscheidungen auslösen, nach seiner Vorstellung kaufen und verkaufen die Marktteilnehmer ziemlich rational, allerdings in unterschiedlichem Takt: Großanleger würden sich ihre Transaktionen Wochen überlegen und nur recht selten in das Geschehen eingreifen, Parketthändler hingegen wickelten ihre Aktionen im Minutentakt ab. Daher die ähnlichen Verläufe. Doch nicht nur der Schweizer entdeckte Formen im Chaos. Als französische Physiker den Börsencrash von 1987 analysierten, fanden sie rhythmisches Zittern im New Yorker »S & P 500 Index«. Diese Größe gibt einen Mittelwert der fünfhundert wichtigsten amerikanischen Aktien. Vor dem Zusammenbruch stieg der Index nicht kontinuierlich, sondern schaukelte sich in Wellen nach oben. Die Hochs rückten dabei immer enger zusammen, ihr Abstand verringerte sich stetig um einen Faktor zwischen 1,5 und 1,7. Als sie sich schließlich trafen, brach der Kurs zusammen. Nach dem Crash das umgekehrte Bild: Nun wanderten die Höchststände im gleichen Rhythmus auseinander.

### Was weiß der Computer?

Ob heute Dollar in Francs umgetauscht werden oder Pfund in Franken – viele Spekulanten (siehe George Soros) vertrauen ihrem Bauch immer noch mehr als Computerprogrammen. Allerdings sind die Schnellrechner auf dem Vormarsch. Ein

## Börsenkurse, nicht ganz normal

Oft können wir in den Zeitungen von der *turbulenten Börse* lesen. Wie sehr dieser Ausdruck zutrifft, zeigten 1996 Physiker aus der Schweiz und aus Deutschland, nachdem sie ein Jahr lang den Wechselkurs von Mark und Dollar untersucht hatten. Die Schwankungen der Wechselkurse ähnelten auffällig den Tempounterschieden der Moleküle in einer turbulenten Flüssigkeit. Eine wichtige Frage für Börsianer ist, mit welcher Wahrscheinlichkeit sich ein Kurs über einen bestimmten Zeitraum dramatisch verändert. Einen mittleren Wertverlust können die meisten Anleger verkraften, während ein Einbruch manchen in den Ruin treibt. Joachim Peinke und seine Kollegen entdeckten, daß diese Schwankungswahrscheinlichkeiten sich verändern, wenn man unterschiedliche Zeitabschnitte betrachtet. Über große Zeitspannen folgen die Änderungen einer Glockenkurve (oder auch Normalverteilung). Diese ist in der Natur sehr häufig, sie beschreibt zum Beispiel, wie oft eine bestimmte Körpergröße unter den Menschen eines Landes auftritt. Bei kurzen Zeiträumen werden kleine und große Kursschwankungen häufiger, als nach der Normalverteilung zu erwarten wäre. Ein ähnliches Verhalten zeigen Teilchen in einem wirbelnden Medium: Über große Distanzen sind ihre Geschwindigkeitsunterschiede normalverteilt, sind sie aber nahe beieinander, werden mittlere Tempoabweichungen seltener. Die Wissenschaftler führen die Analogie auf einen Kaskaden-Mechanismus zurück, der in beiden Systemen auftritt. In turbulenten Strömungen verteilt sich die Energie von großen Wirbeln zu immer kleineren. Eine ähnliche Hierarchie gibt es an der Börse. Großkunden – zum Beispiel Banken – erwerben riesige Dollarmengen. Um ihr Risiko zu verringern, verkaufen sie einen Anteil an kleinere Händler weiter.

Ansatz, von dem sich Experten viel erhoffen, sind neuronale Netze. In ihnen sind die Chips ähnlich verknüpft wie die Nervenzellen in unserem Gehirn, gewisse Aufgaben lösen sie in einem Bruchteil der Zeit, die herkömmliche Rechner benötigen. Die Netzwerke sollen schaffen, womit wir Menschen bislang hoffnungslos überfordert sind: die unzähligen Größen verbinden, welche die Börsenkurse beeinflussen.

Wissenschaftler füttern leistungsfähige Computer also mit Zinssätzen und Ölpreisen der letzten Jahrzehnte, trichtern ihnen Produktionsmengen ein – und eine Unzahl weiterer Faktoren, die direkt oder auf Umwegen die Kurse beeinträchtigen. Der Rechner »lernt« dann aus Erfahrung – so die Wunschvorstellung –, wie die Werte zusammenhängen.

Wir kennen den Prozeß von uns selbst. Wenn wir uns das erste Mal am Steuer eines Autos auf die Straße wagen, wächst uns die Situation beinahe (oder wirklich) über den Kopf. Von allen Seiten strömen Informationen auf uns ein, Autos erscheinen links, rechts und von vorn, hinter uns hupt jemand, und ein erregter Fahrradfahrer klopft minutenlang aufs Autodach, auch wenn wir nicht wissen, warum. Auf die jeweilige Situation richtig zu reagieren, schaffen wir nur mit aller Konzentration und erhöhtem Adrenalinausstoß. Nach der ersten Fahrstunde fühlen wir uns körperlich so ausgelaugt wie nach zwei Stunden Sport. Mit der Zeit stellt sich unser Gehirn jedoch immer besser auf die neue Welt ein. Nachdem wir eine Situation zehnmal erlebt haben, wird sie uns vertraut, und wir verarbeiten die Impulse von außen ganz automatisch. Nach einem Jahr können wir nicht nur Auto fahren, sondern gleichzeitig auch Radio hören, per Autotelefon mit dem Geschäftspartner diskutieren und ein Marmeladenbrot essen.

Ebenso sieht das Erfolgskonzept für den Computer aus: Er soll Situationen erkennen, die so ähnlich schon einmal in der Vergangenheit aufgetreten sind. Dann »erinnert« er sich, ob die Kurse damals abgestürzt oder explodiert sind, und leitet daraus eine Kaufempfehlung ab, so die Idee.

Gibt es in Zukunft nur noch Börsengewinner? Trägt jeder ein neuronales Netz in der Tasche – wie heute einen Taschenrechner –, das ihn mit todsicheren Tips versorgt? Leider nicht, selbst wenn wir davon absehen, daß die Computer heute mit der Flut der Parameter noch völlig überfordert sind. Es ist eben ein Merkmal chaotischer Systeme, daß sie sich bei kleinen Unterschieden jeweils ganz anders entwickeln können. Selbst wenn also der Ölpreis heute auf dem Niveau von 1976 wäre, der Zinssatz identisch und auch 95 Prozent der restlichen Faktoren gleich, der Kurs könnte trotzdem ganz anders schwanken als damals – und den Rechner narren. So, wie auch Autofahrer nach dreißig Jahren noch Unfälle bauen, obwohl sie sicherlich schon oft ähnliche Situationen überstanden haben. Und schließlich: Wie im Wetter spukt auch im Börsengeschehen der Zufall herum, sprich: es gibt plötzliche Einflüsse, die niemand vorhersehen kann. Zum Beispiel kann eine Firmenpleite die Aktienkurse durcheinanderwirbeln oder eine Naturkatastrophe eine wichtige Pipeline zerstören – oder ein milliardenschwerer Spekulant hat gestern schlechte Rösti gegessen und stößt in einem Wutanfall sein Frankenpaket ab. Diese Faktoren wird auch in Zukunft kein Computer auf der Rechnung haben. Wahrscheinlich tun Spekulanten dann immer noch am besten daran, ihre Aktien nach tierischen Instinkten zu kaufen.


## Erdbeben – Katastrophe ohne Ankündigung


Wenn von einem »Tropfen« die Rede ist, der »das Faß zum Überlaufen bringt«, jemand »den Bogen überspannt« oder ein »Krug so lange zum Brunnen geht, bis er bricht«, dann wissen wir genau, was gemeint ist: Ein kleiner zusätzlicher Einfluß hat ein zuvor stabiles System plötzlich zusammenbrechen lassen. Ein Frechling hat einen gutmütigen Bekannten einmal zu oft geärgert (und hat jetzt ein blaues Auge) oder einem Politiker wurde sein hundertundsiebter Skandal aus unerklärlichen Gründen nicht mehr verziehen (jetzt muß er für das doppelte Gehalt Direktor der städtischen Verkehrsbetriebe spielen, der Arme). Die Redewendungen beschreiben Reaktionen, bei denen die Nichtlinearität so groß ist, daß sich der Zustand von einem Moment auf den anderen ändert. Während es beim Wetter zumindest eine halbe Stunde dauert, bis sich ein Gewitter zusammenbraut – und wir eine geringe Vorwarnzeit haben –, fällt diese bei manchen Katastrophen weg. Ein Fachmann mag wohl eine baufällige Brücke erkennen – wie viele Autos sie noch trägt, weiß er jedoch nicht. Ein Börsianer sieht vielleicht, ob eine Aktie überbewertet ist, ob der Kurs jedoch in einer Stunde oder einem Monat absackt, darüber kann er nur spekulieren.

Katastrophen, die jedes Jahr viele Menschenleben fordern, sind Erdbeben. Einige der Industriezentren der Welt liegen in gefährdeten Zonen, Kalifornien und Japan zum Beispiel. Wir erinnern uns an die Fernsehbilder von eingestürzten Highways oder Hochhäusern. Natürlich versuchen die Regierungen reicher Staaten, ihre Bevölkerung (und die Industrie) vor dem Unglück zu schützen, deshalb beschäftigen sich Forschungsgruppen rund um den Globus mit der Erdbebenvorhersage. Besteht Hoffnung, bald zuverlässig vor Erdstößen warnen zu können – zumindest so, wie vor dem nächsten Gewitter? Oder ist es nur ein »prima Jagdgebiet für Amateure, Spinner und publicitysüchtige Fälscher«, wie der amerikanische Seismologe Charles Richter, der Namensgeber der Richter-Skala, meinte?

### *Die selbstorganisierte Krise*

Erdbeben entstehen, weil die Platten an der Oberfläche unseres Planeten, auf denen Kontinente und Ozeane treiben, gegeneinander verschoben werden. So schiebt sich etwa an der Westküste Südamerikas die Nazkaplatte unter die Südamerikaplatte und faltet die Anden auf. Bei Japan stößt die Pazifische Platte auf die Eurasische. Dabei reiben die Schollen im allgemeinen nicht gleichmäßig aneinander, sondern verhaken sich, bis der Druck schließlich zu groß wird. Dann bricht das Gestein, und die Platten lösen sich ruckweise.

Die Forscher sprechen von einer selbstorganisierten Krise. Zwar kann ein Erdbeben die Platten entspannen und das System für Jahre oder Jahrzehnte in einen stabilen Bereich führen, dort ist die Erde unempfindlich gegen kleinere Änderungen. Ein paar Grad mehr oder weniger spielen keine Rolle, die Oberfläche bleibt ruhig.

Durch die entgegengesetzte Bewegung baut sich der Druck jedoch immer wieder auf, und der Untergrund schwemmt die Platten zurück in die Chaos-Region. Das System erinnert etwas an eine Motte: Man kann sie kurzfristig von einer Flamme vertreiben, sie steuert jedoch zielstrebig wieder auf ihr Verderben zu.

Sobald die Erdkruste die chaotische Grenze erreicht hat, können winzige Risse, Temperatur- oder Druckänderungen das Beben auslösen. Jochen Zschau, Experte für Desasterforschung vom Geoforschungszentrum Potsdam, vergleicht die Situation mit einem Sandhaufen: »Läßt man ständig Sandkörner auf den Haufen rieseln, bricht irgendwann eine Lawine los.« Doch niemand kennt das Korn, das die Lawine auslöst – oder die Größe des Rutsches.

Noch viel komplizierter ist die Situation bei den Erdstößen. Um eine Erschütterung genau vorherzusagen, müßten die Experten nicht nur wissen, bei welcher Kombination von Druck, Temperatur und Gesteinsart die Erdplatten brechen. Sie müßten auch sämtliche Größen ständig messen – eine unmögliche Aufgabe.

### Sind Katzenfische schlauer?

Kein Wunder, daß verschiedene Forschergruppen andere Wege gehen. Sie versuchen nicht, alle wichtigen physikalischen Größen zu messen, vielmehr fahnden sie nach Ereignissen, die den Erdbeben vorausgehen. Wir haben gesehen, daß es in anderen chaotischen Systemen diese Vorboten gibt, zum Beispiel kündigt sich bei der Couette-Strömung der Übergang in die Turbulenz durch regelmäßige Schwingungen an. Wie könnte solch ein Vorläufer bei Erdbeben aussehen? Folgen große Beben etwa stets einer Reihe von kleinen? Ist ein niedriger oder hoher Grundwasserspiegel ein Vorbote der Katastrophe, oder sind es elektromagnetische Schwankungen? Auch eine Reihe von Tieren rückt ins Interesse, so sollen etwa japanische Katzenfische einen »Erdbebensinn« haben und sich vor einer Erschütterung auffällig verhalten.

Das bekannteste Beispiel für eine angeblich erfolgreiche Vorhersage kommt aus China, dort behaupteten Seismologen 1975, nach kleinen Vorbeben ein starkes Hauptbeben in der Stadt Haicheng angekündigt zu haben. Dank der eingeleiteten Evakuierung seien nur »sehr wenige Menschen« gestorben. Viele westliche Experten stuften die Meldung jedoch als Propaganda ein, insbesondere, als ein Jahr später in der Stadt Tangshan bei einem Erdbeben rund eine viertel Million Einwohner starb. Die Methode schien also zumindest nicht zuverlässig zu sein.

Das gleiche gilt nach Einschätzung einer internationalen Arbeitsgruppe, die systematisch Erdbebenvorläufer unter die Lupe nimmt, auch für die anderen Vorboten: Zwar hingen hin und wieder Phänomene mit der Naturkatastrophe zusammen, doch ließen sich keine zuverlässigen Regeln aufstellen. Mal war vor einem Beben der Wasserstand in dem betroffenen Gebiet niedrig, ein anderes Mal zitterte ein elektrisches Signal, häufig ist der Wasserstand jedoch auch niedrig, ohne daß ein Beben folgt. »Einzelne Beben sind wahrscheinlich nicht vorhersagbar«, zieht der Geophysiker Robert Geller auch ein dementsprechendes negatives Fazit aus der bisherigen Forschung. Gibt es also überhaupt keinen Schutz gegen das Chaos?

Manche Wissenschaftler halten zumindest langfristige Prognosen für möglich. In einem internationalen Projekt, dem »Global Seismic Hazard Assessment Program«, sammeln Wissenschaftler Daten über die Erdbeben in der Vergangenheit: Wo sie stattgefunden haben, wie stark sie waren und welche Schäden sie anrichteten. Sie wollen so besonders gefährdete Gebiete finden und den ungefähren Rhythmus der Katastrophen erkennen. Aufgrund der Statistik hoffen sie dann, die Gefahr eines Unglücks abschätzen zu können – etwa der Art, daß in den nächsten dreißig Jahren an einem Ort mit hoher Wahrscheinlichkeit ein starkes Erdbeben stattfindet.

Das hilft den Einwohnern nicht allzuviel, könnten wir jetzt einwenden. Die Bewohner von Los Angeles können nicht jahrzehntelang evakuiert werden, weil in diesem Zeitraum ein Beben wahrscheinlich ist, doch könnten Regierung und Bewohner die Schäden verringern, indem sie vorbeugen; strengere Bauvorschriften für die Wohnhäuser in Risikogebieten würden die Zahl der erschlagenen Menschen senken; riskante Projekte wie Staudämme oder Atomkraftwerke könnten in ungefährdeten Regionen gebaut werden; Feuerwehrleute, Armee und Krankenhauspersonal ließen sich durch besondere Schulung auf den Notfall vorbereiten.

Wenn man zusätzlich noch über ein Meßnetz physikalische Größen bestimmt – wie den Druck oder die Temperatur – könne man die Vorhersage immer weiter verkürzen, meint Jochen Zschau. Statt die Wahrscheinlichkeit für ein Erdbeben in den nächsten dreißig oder fünfzig Jahren anzugeben, könnten die Forscher den Zeitraum vielleicht auf wenige Jahre oder gar Monate verringern. Die Erdbebenprognose erhielte dann den Charakter einer Wettervorhersage – sie wäre nie hundertprozentig sicher, würde aber mit der Zeit immer präziser.

# Glossar

### Attraktor

Eine Figur im Phasenraum. Sie zeigt die Zustände an, auf die sich ein System im Lauf der Zeit zubewegen kann. Zum Beispiel bleibt ein Pendel ohne Energiezufuhr nach kurzer Zeit stehen, es scheint von einem Punkt angezogen zu werden. Dementsprechend wird sein Verhalten im Phasenraum durch einen Punkt-Attraktor gegeben. Wenn die Dimension des Attraktors nicht ganzzahlig ist, bezeichnet man ihn als »seltsam«. Diese »seltsamen Attraktoren« beschreiben oft chaotische Systeme.

### Bénard-Konvektion

Bewegung einer Flüssigkeit, die von Henri Bénard im Jahr 1900 untersucht wurde. Eine dünne Flüssigkeitsschicht befindet sich zwischen zwei Platten. Erwärmt man die untere Platte, steigt ab einer bestimmten Temperaturdifferenz warme Flüssigkeit in Strömungen auf, während kalte absinkt. Dabei bilden sich Muster – Konvektionsrollen oder -zellen. Bei einem höheren Temperaturunterschied löst sich die Struktur dann wieder auf, die Bewegung der Flüssigkeit wird chaotisch.

### Bifurkation

Nichtlineare Systeme können ihren Zustand an einem bestimmten Punkt plötzlich ändern. So liefert die logistische Gleichung

$$Xn = c \times Xa \, (1 - Xa)$$

(siehe auch Seite 39 ff.), die etwa die Entwicklung von Tierpopulationen beschreibt, für Werte des Parameters c kleiner drei konstante Ergebnisse. Bei c gleich drei beginnen die Ergebnisse periodisch hin und her zu springen. Wächst c weiter, verdoppelt sich die Periode in immer kürzeren Abständen, bis das System den chaotischen

Zustand erreicht. Dieser Übergang vom geordneten zum chaotischen Zustand heißt auch Bifurkationsweg ins Chaos.

## Chaos, deterministisches

Bezeichnung für das Verhalten nichtlinearer Systeme, deren Entwicklung durch mathematische Gleichungen beschrieben werden kann. Das Verhalten ist somit vorherbestimmt (determiniert). Trotzdem können wir schon die Zukunft einfacher Systeme, zum Beispiel die von drei Planeten, nicht angeben, weil sie extrem von den Anfangsbedingungen abhängt. Die Anfangsbedingungen lassen sich aber prinzipiell nicht genau bestimmen. Der Begriff Chaos wurde 1975 von dem Mathematiker James Yorke eingeführt.

## Fraktal

Eine Figur, deren Dimension nicht ganzzahlig ist. Geraden, glatte Ebenen oder Würfel sind also keine Fraktale. Sie haben die Dimensionen eins, zwei und drei. Die meisten realen Gebilde, zum Beispiel Wolken, haben jedoch Kerben oder Löcher. Sie füllen den Raum nicht ganz aus. Ihre Dimension liegt zwischen zwei und drei. Ebenso unser Gehirn, für das schlaue Köpfe die Dimension 2,79 berechnet haben. Beispiele für Fraktale in der Chaos-Theorie sind die seltsamen Attraktoren, die das Verhalten eines Systems im Phasenraum beschreiben.

## Linearität

Ein lineares System verändert sich proportional zu seinen Variablen. Fährt ein Auto etwa mit einer konstanten Geschwindigkeit von fünfzig Stundenkilometern, so legt es in einer Stunde (natürlich) fünfzig Kilometer zurück, in zwei Stunden die doppelte Strecke, in drei Stunden die dreifache und so weiter. Lineare Systeme sind nicht chaotisch und gegenüber den Anfangsbedingungen ziemlich unempfindlich: Auch wenn wir den Ursprungsort des Autos nicht auf den Meter genau kennen, wissen wir später trotzdem, wo es sich (ungefähr) befindet.

## Nichtlinearität

Nichtlineare Systeme reagieren auf die Änderung einer Größe anders als proportional. In der Natur ist das sehr oft der Fall. So kann sich eine Tierpopulation beispielsweise drastisch verringern, wenn das Nahrungsangebot unter einen bestimmten Wert fällt. Oder das Wetter ändert sich, weil wir mit dem Auto zum Schwimmbad fahren statt mit dem Fahrrad (um einmal nicht den Schmetterling flattern zu lassen).

## Phasenraum

Ein Raum, den die Wissenschaftler oft verwenden, um das Verhalten eines Systems darzustellen und zu analysieren. Im Gegensatz zu unserem dreidimensionalen Lebensraum muß an den Achsen des Phasenraumes allerdings nicht »oben-unten«, »links-rechts« oder »vorne-hinten« stehen. Statt dessen können je nach Problem andere Größen eingetragen sein, etwa die Geschwindigkeit, die Amplitude oder eine Population.

## Rückkopplung

Oft sind Systeme und ihre Umgebung nicht voneinander unabhängig, sondern beeinflussen sich gegenseitig. Zu einer positiven Rückkopplung kommt es etwa, wenn ein Mikrophon zu nahe an einem Lautsprecher liegt. Es nimmt das Geräusch des Lautsprechers auf und leitet es an einen Verstärker, der den Pegel erhöht. Schließlich landet das Signal wieder verstärkt beim Lautsprecher, wird wieder vom Mikro aufgenommen und so weiter. Innerhalb kürzester Zeit ertönt ein ohrenbetäubendes Pfeifen. Eine negative Rückkopplung liefert zum Beispiel der Gleichgewichtssinn des Menschen: Er korrigiert kleine Schwankungen des Körpers stets so, daß der Schwerpunkt wieder über oder zwischen den Füßen liegt. Andernfalls würden wir umfallen.

### Selbstähnlichkeit

Selbstähnliche Objekte zeigen in unterschiedlichen Vergrößerungen immer wieder gleiche Muster. Beispiele sind in der Natur Blätter oder Küstenlinien, in der Mathematik die Kochsche Schneeflocke. Manche Forscher glauben, selbstähnliche Strukturen sogar im Auf und Ab der Börsenkurse zu erkennen.

### Selbstorganisation

Häufig bilden sich in Systemen von selbst Muster, wenn man ihnen Energie zuführt. Beispiele für diese Selbstorganisation sind etwa die Bénard-Konvektion bei erwärmten Flüssigkeiten, die Entstehung des Lebens oder in der Chemie die Belousov-Zhabotinsky-Reaktion.

### Turbulenz

Chaotischer Zustand bei Gasen und Flüssigkeiten. Während bei der laminaren Strömung die verschiedenen Flüssigkeitsschichten geordnet nebeneinander hergleiten, bewegen sich turbulente Strömungen unregelmäßig und bilden Wirbel.

### Zufall

Zufällige Ereignisse lassen sich nicht vorhersagen, man kann lediglich eine Wahrscheinlichkeit für ihr Eintreffen angeben. Im Gegensatz zu chaotischen Systemen sind zufällige Ergebnisse außerdem voneinander unabhängig: Die Chance auf eine sechs beim Würfeln bleibt bei jedem Wurf gleich, unabhängig von den davor gewürfelten Zahlen.

# Weitere Literatur

›Chaos und Fraktale‹, Spektrum der Wissenschaft, Reihe Verständliche Forschung, Heidelberg 1989.
Eine Sammlung von Artikeln zu verschiedenen Gebieten der Chaosforschung, vom Mischen zäher Flüssigkeiten bis zur Frage, wie der Leopard zu seinen Flecken kommt. Klar und schnörkellos, eine gute Einführung für Interessierte mit naturwissenschaftlicher Grundbildung. Als Gutenachtlektüre vielleicht etwas zu nüchtern.

›Die Entdeckung des Chaos‹, John Briggs und F. David Peat, dtv, München 1993.
Ein liebevoll geschriebenes Buch mit wunderschönen Zeichnungen. Ausführlich und auch für Anfänger gut lesbar. Im Stil manchmal etwas blumig.

›Stichwort Chaosforschung‹, Andreas Huber, Heyne, München 1996.
Die grundlegenden Begriffe zur Chaosforschung auf 80 Seiten. Für die schnelle Einführung.

›Chaos ist überall ... und es funktioniert‹, Gregor Morfill und Herbert Scheingraber, Ullstein, Berlin 1993.
Mein Lieblingsbuch. Chaos in Steuerpolitik, Herzforschung und Universum. Verständlich und flüssig geschrieben, mit einem guten Schuß trockenen Physikerhumors. Informativ ist auch das »chaotische Wörterbuch« am Schluß.

›Chaos und Ordnung‹, Friedrich Kramer, Insel Taschenbuch, Frankfurt am Main 1993.
Welche Rolle Chaos in Leben und Biologie so spielt. Ein interessan-

tes Thema. Leider keine ganz leichte Kost. Nur etwas für Leser, die sich von Fachbegriffen wie Basen, Introns oder Hyperzyklus nicht schrecken lassen.

›Chaos – die Ordnung des Universums‹, James Gleick, Knaur, München 1990.
Immerhin 440 Seiten mit stark biographischer Ausrichtung: Was hielten seine Kollegen von Libchaber? Wie groß war Henry Swinney und wann traf er auf David Ruelle? Wann hörte Michael Barnsley zum ersten Mal von Bifurkationskaskaden? Alles über die Chaos-Helden. Und auch über die ganz tiefen Geheimnisse der Physik: Wie heißen die Geliebten des Experimentators? »Schweiß, Verdruß und Gestank« sind's (Pst, nicht weitersagen!).

›Chaos – Neue Expeditionen in fraktale Welten‹, John Briggs, Carl Hanser Verlag, München 1993.
Eher zum Ansehen als zum Lesen: ein schöner Bildband über Fraktale.

›Zufall und Chaos‹, David Ruelle, Springer Verlag, Heidelberg 1992.
Aus erster Hand. Der französische Chaos-Pionier schreibt über Zufall in klassischen und quantenmechanischen Systemen, Komplexität und Probleme beim Publizieren seiner ersten Chaos-Artikel. Sachlich und verständlich geschrieben.

›Deterministisches Chaos‹, Roman Worg, BI-Wissenschaftsverlag, Heidelberg 1993.
Leichtverständliches Lehrbuch über Chaos in der Physik oder was man nicht alles an einem Pendel erklären kann. Mit gutem historischem Überblick.

›Chaos, Bausteine der Ordnung‹, Heinz-Otto Peitgen, Hartmut Jürgens, Dietmar Saupe, Springer Verlag, Heidelberg 1994.
Für Interessierte (Naturwissenschaftler) und Experten: Ein gewichtiger Chaos-Überblick mit großem Text- und angenehm beschränktem Formelanteil.

# Register

# Naturwissenschaftliche Einführungen im <u>dtv</u>

## Herausgegeben von Olaf Benzinger

# Naturwissenschaft im dtv

John D. Barrow
**Warum die Welt
mathematisch ist**
dtv 30570

William H. Calvin
**Der Strom, der bergauf
fließt**
Eine Reise durch die
Chaos-Theorie
dtv 36077
**Die Symphonie des
Denkens**
dtv 30467
**Wie der Schamane den
Mond stahl**
Auf der Suche nach dem
Wissen der Steinzeit
dtv 33022

**Chaos, Quarks und
Schwarze Löcher**
Das ABC der neuen
Wissenschaften
Hrsg. von Ib Ravn
dtv 33011

Jack Cohen, Ian Stewart
**Chaos und Antichaos**
Ein Ausblick auf die
Wissenschaft des 21. Jhs.
dtv 33003

Richard E. Cytowic
**Farben hören, Töne
schmecken**
Die bizarre Welt der Sinne
dtv 30578

Antonio R. Damasio
**Descartes' Irrtum**
Fühlen, Denken und das
menschliche Gehirn
dtv 33029

Hoimar von Ditfurth
**Die Wirklichkeit des
Homo sapiens**
Naturwissenschaft und
menschliches Bewußtsein
dtv 33000
**Im Anfang war der
Wasserstoff**
dtv 33015

Hans Jörg Fahr
**Zeit und kosmische
Ordnung**
Die unendliche Geschichte
von Werden und
Wiederkehr
dtv 33013

Karl Grammer
**Signale der Liebe**
Die biologischen Gesetze
der Partnerschaft
dtv 33026

Jean Guitton, Grichka und
Igor Bogdanov
**Gott und die
Wissenschaft**
Auf dem Weg zum
Meta-Realismus
dtv 33027

# Naturwissenschaft im dtv

Stephen Hart
**Von der Sprache der Tiere**
dtv 33012

Gerald Hühner
**»Zwei mal zwei ist vier?«**
Mutmaßungen über
Selbstverständliches
dtv 33004

Lawrence M. Krauss
**»Nehmen wir an, die Kuh
ist eine Kugel...«**
Nur keine Angst vor
Physik · dtv 33024

Philip Johnson-Laird
**Der Computer im Kopf**
Formen und Verfahren der
Erkenntnis · dtv 30499

Josef H. Reichholf
**Das Rätsel der
Menschwerdung**
Die Entstehung des
Menschen im Wechselspiel
mit der Natur · dtv 33006

Paul Scheipers
**Menschen, Mars und
Moleküle**
Ein naturwissenschaftli-
ches Kaleidoskop
dtv 33023

Ian Stewart
**Die Reise nach
Pentagonien**
16 mathematische Kurz-
geschichten · dtv 33014

Frederic Vester
**Denken, Lernen,
Vergessen**
Was geht in unserem Kopf
vor? · dtv 33045
**Neuland des Denkens**
Vom technokratischen
zum kybernetischen
Zeitalter · dtv 33001

**Was treibt die Zeit?**
Entwicklung und
Herrschaft der Zeit in
Wissenschaft, Technik
und Religion
Hrsg. von Kurt Weis
dtv 33021

**What's what?**
Naturwissenschaftliche
Plaudereien
Hrsg. von Don Glass
dtv 33025

**Das neue What's what**
Naturwissenschaftliche
Plaudereien
Hrsg. von Don Glass
dtv 33010

Berthold Wiedersich
**Das Wetter**
Entstehung, Entwicklung,
Vorhersage · dtv 30552

Fred Alan Wolf
**Die Physik der Träume**
Von den Traumpfaden der
Aboriginies bis ins Herz
der Materie · dtv 33005

# Naturwissenschaftliche Einführungen im dtv

Herausgegeben von Olaf Benzinger

## Bereits erschienen

**Das Innerste der Dinge**
Einführung in die Atomphysik
Von
Brigitte Röthlein
dtv 33032

**Der blaue Planet**
Einführung in die Ökologie
Von
Josef H. Reichholf
dtv 33033

**Das Chaos und seine Ordnung**
Einführung in komplexe Systeme
Von
Stefan Greschik
dtv 33034

## In Vorbereitung

**Der Klang der Superstrings**
Einführung in die Natur der Elementarteilchen
Von Frank Grotelüschen

**Schrödingers Katze**
Einführung in die Quantenphysik
Von
Brigitte Röthlein

**e = mc²**
Einführung in die Relativitätstheorie
Von
Thomas Bührke

**Das Molekül des Lebens**
Einführung in die Genetik
Von Claudia Eberhard-Metzger

**Von Nautilus und Sapiens**
Einführung in die Evolutionstheorie
Von
Monika Offenberger

**Vom Wissen und Fühlen**
Einführung in die Erforschung des Gehirns
Von Jeanne Rubner

**Die Grammatik der Logik**
Einführung in die Mathematik
Von
Wolfgang Blum

**Auf der Spur der Elemente**
Einführung in die Chemie
Von
Uta Bilow

**Schwarze Löcher und Kometen**
Einführung in die Astronomie
Von
Helmut Hornung

dtv

# dtv-Atlanten
## informativ, zuverlässig, handlich und preisgünstig

**dtv-Atlas Akupunktur**
von C.-H. Hempen
dtv 3232

**dtv-Atlas Anatomie**
von W. Kahle, H. Leonhardt und
W. Platzer
3 Bände
dtv / Thieme 3017 / 3018 / 3019

**dtv-Atlas Astronomie**
von J. Herrmann
Mit Sternatlas
dtv 3006

**dtv-Atlas Atomphysik**
von B. Bröcker
dtv 3009

**dtv-Atlas Baukunst**
von W. Müller und G. Vogel
2 Bände · dtv 3020 / 3021

**dtv-Atlas Biologie**
von G. Vogel und H. Angermann
3 Bände · dtv 3221 / 3222 / 3223

**dtv-Atlas Chemie**
von H. Breuer
2 Bände · dtv 3217 / 3218

**dtv-Atlas Deutsche Literatur**
von H. D. Schlosser
dtv 3219

**dtv-Atlas Deutsche Sprache**
von W. König
dtv 3025

**dtv-Atlas Informatik**
von H. Breuer
dtv 3230

**dtv-Atlas Mathematik**
von F. Reinhardt und H. Soeder
2 Bände · dtv 3007 / 3008

**dtv-Atlas Musik**
von U. Michels
2 Bände · dtv 3022 / 3023

**dtv-Atlas Ökologie**
von D. Heinrich und
M. Hergt
dtv 3228

**dtv-Atlas Philosophie**
von P. Kunzmann, F.-P. Burkhard
und F. Wiedmann
dtv 3229

**dtv-Atlas Physik**
von H. Breuer
2 Bände · dtv 3226 / 3227

**dtv-Atlas Physiologie**
von S. Silbernagl und
A. Despopoulos
dtv / Thieme 3182

**dtv-Atlas Psychologie**
von H. Benesch
2 Bände · dtv 3224 / 3225

**dtv-Atlas Stadt**
von J. Hotzan
dtv 3231

**dtv-Atlas Weltgeschichte**
von W. Hilgemann und
H. Kinder
2 Bände · dtv 3001 / 3002

**Die Wissenschaft vom Lebendigen**

**Wörterbuch Biologie**
Von Gertrud Scherf
Originalausgabe
dtv 32500

Als Wissenschaft vom Lebendigen erforscht die Biologie die Beziehungen von Organismen zueinander und zu ihrer Umwelt sowie die Vorgänge, die sich in lebenden Systemen abspielen. Das ›Wörterbuch Biologie‹ erklärt in rund 4500 Stichwörtern alle wichtigen Fachbegriffe aus der allgemeinen und speziellen Biologie. Es informiert wissenschaftlich exakt und zugleich allgemeinverständlich über die zentralen Bereiche der Biologie: von der Molekular-, Immun-, Evolutions-, Verhaltens-, Mikro- und Neurobiologie bis zur Morphologie, Cytologie, Genetik oder Ökologie. Relevante Fachbegriffe aus der systematischen Zoologie und Botanik, der Stoffwechsel- und Bewegungsphysiologie sowie Fortpflanzungs- und Entwicklungsbiologie sind gleichfalls berücksichtigt.
Mit 27 Abbildungen, einem tabellarischen Überblick zur Systematik der Organismen und einer Bibliographie.

dtv

# Wissen zum Nachschlagen:
## dtv-Wörterbücher

**Wörterbuch der Medizin**
Mit über 500 farbigen Abbildungen und 70 Tabellen
dtv 3355
Aktuell und auf dem neuesten Stand der Forschung erklärt das Wörterbuch verständlich und genau über 22 000 Begriffe aus allen medizinischen Gebieten. Ein modernes und zuverlässiges Nachschlagewerk für Laien ebenso wie für Studenten und Fachleute.

**Wörterbuch der Chemie**
dtv 3360
Rund 3 500 Fachbegriffe aus den Kerngebieten – Organik, Anorganik, theoretische und physikalische, technische und angewandte Chemie – werden erklärt. Zusätzlich: relevante Stichworte aus den Bereichen Biochemie, Ökologie, Toxikologie und Lebensmittelchemie.

**Wörterbuch zur Astronomie**
Von Joachim Herrmann
dtv 3362
Dieses Nachschlagewerk gibt in 3 500 Einträgen, zahlreichen Graphiken und Tabellen Auskunft über das gesamte Gebiet der Himmelskunde: Grundbegriffe, Geschichte der Astronomie und die neusten Ergebnisse der Weltraumforschung.

**Wörterbuch Psychologie**
Von Werner D. Fröhlich
dtv 3285
2 200 Stichwörter mit Literaturangaben, englisch-deutschem Verweisregister, ausführlicher Bibliographie sowie eine Einführung in Geschichte, Gegenstandsbereiche und Studienaufbau der Psychologie machen dieses Wörterbuch zu einem zuverlässigen Nachschlagewerk.

**Wörterbuch Biologie**
Von Gertrud Scherf
dtv 32500
Wissenschaftlich und zugleich allgemeinverständlich informieren rund 4 500 Stichwörter über alle Bereiche der Biologie. Dabei werden auch Fachbegriffe aus benachbarten Wissenschaftsbereichen erklärt.

# Bei Erklärungsnotstand und in Zweifelsfällen:
## Fragen Sie Ihr <u>dtv</u>-Lexikon

dtv 5998

- Aktuelle, zuverlässige und verständliche Information von A–Z.

- Unentbehrlich für Studium und Beruf.

- 20 Bände im Taschenbuch-Großformat 12,4 x 19,1 cm.

- Im Schuber stets griffbereit am Schreibtisch zu Hause und im Büro.

- 11., neu bearbeitete Auflage 1999.

- Über 130 000 Stichwörter auf insgesamt 6872 Seiten.

- Mehr als 4500 weiterführende Werks- und Literaturangaben.

- Über 6000 Abbildungen und 120 ganzseitige Farbtafeln.